职业教育园林园艺类专业系列教材

园林工程招标投标

主　编　陈振锋

副主编　刘燕华　崔宏伟

参　编　郭　玲　逯建峰

主　审　刘淑皎

机械工业出版社

CHINA MACHINE PRESS

本书以园林工程招标投标案例为主线，依据《中华人民共和国招标投标法》（2017 年修订）、《中华人民共和国招标投标法实施条例》（2019 年3 月 2 日修订）、《工程建设项目施工招标投标办法》（2013 年修订）、《标准施工招标文件》（2007 年版）、《标准施工招标资格预审文件》（2007 年版）和《园林绿化工程施工招标投标管理标准》（T/CHSLA 50001—2018），系统介绍了园林工程招标投标及合同签订的主要内容，包括工程招标投标工作程序、招标和投标文件编制、开标、评标、定标、合同签订、招标投标违法法律责任等基础知识。

本书采用任务驱动式体例进行编写，通过任务的学习，可以掌握园林工程招标投标、合同签订的基本理论和操作技能，具备编制园林工程招标投标文件和拟订园林工程合同文件的能力。

为便于教学，本书配套有 PPT 电子课件、习题及习题答案、微课视频，凡使用本书作为教材的教师均可登录 www.cmpedu.com 注册下载，或加入机工社园林园艺专家 QQ 群 425764048 领取。如有疑问，请拨打编辑电话 010-88379375。

本书适合中高职园林专业学生、园林工程招标投标与合同管理人员使用，也可供从事园林工程施工、预算、监理人员参考。

图书在版编目（CIP）数据

园林工程招标投标 / 陈振锋主编. —北京：机械工业出版社，2022.9（2025.1重印）

职业教育园林园艺类专业系列教材

ISBN 978-7-111-71845-1

Ⅰ.①园…　Ⅱ.①陈…　Ⅲ.①园林 – 工程施工 – 招标 – 职业教育 – 教材②园林 – 工程施工 – 投标 – 职业教育 – 教材

Ⅳ.①TU986.3

中国版本图书馆CIP数据核字（2022）第194716号

机械工业出版社（北京市百万庄大街22号　邮政编码100037）
策划编辑：陈紫青　　　　责任编辑：陈紫青
责任校对：薄萌钰　李　婷　封面设计：马精明
责任印制：常天培
固安县铭成印刷有限公司印刷
2025年1月第1版第2次印刷
210mm×285mm·12.25印张·227千字
标准书号：ISBN 978-7-111-71845-1
定价：39.00元

电话服务　　　　　　　网络服务
客服电话：010-88361066　机　工　官　网：www.cmpbook.com
　　　　　010-88379833　机　工　官　博：weibo.com/cmp1952
　　　　　010-68326294　金　书　网：www.golden-book.com
封底无防伪标均为盗版　机工教育服务网：www.cmpedu.com

Preface

前　言

党的二十大报告明确提出："坚持绿水青山就是金山银山的理念""全方位、全地域、全过程加强生态环境保护""像保护眼睛一样保护自然和生态环境"。园林作为改善和提高生态环境的手段，越来越受到重视。随着园林建设的不断发展，对园林工程招标投标规范化的要求也越来越高。为满足园林行业的社会需求，培养园林专业中高职学生的招标投标能力，编者以工作过程为导向，以项目任务为驱动编写了本书，旨在培养学生从事园林招标投标的基本技能。本书有以下特色。

1. 体例结构合理，注重职业能力的培养

本书采用"知识目标—技能目标—任务描述—任务分析—知识准备—任务实施—任务考核—巩固练习"的体例结构，让学生在工作任务中学习园林工程招标投标理论知识和技能，培养中高职学生职业技能。

2. 注重职业素养提升，德技兼修

本书在每个项目最后都提炼了本项目的职业素养提升要点，在传授专业知识的同时，也注重道德教育，力求使学生德技兼修。

3. 校企合作，加强教材实用性

本书由职业院校一线教师和企事业单位专家共同编写，使本书内容更加适用于实际工作，加强了教材实用性。

本书由辽宁朝阳工程技术学校陈振锋担任主编，辽宁省朝阳县城乡规划局刘燕华和东营职业学院崔宏伟担任副主编，辽宁职业学院郭玲、辽宁和泰项目管理有限公司逯建峰参编。

　　大连理工工程建设监理有限公司刘淑皎负责全书的主审工作，辽宁朝阳工程技术学校贾玉芬老师给予了热情帮助，在此向各位老师的辛勤付出深表谢意。另外，本书在编写过程中，参考和引用了许多著作和文献资料，在此谨向原资料作者表示衷心感谢！

　　由于编者水平有限，不足和疏漏之处在所难免，敬请广大师生和读者批评指正，提出宝贵意见。

编　者

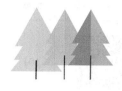

二维码视频列表

（续）

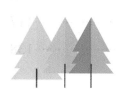

Contents
目　录

前言

二维码视频列表

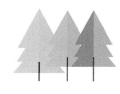

项目一 园林工程招标投标基础知识

【项目概述】

园林工程实行招标投标，是我国工程建设管理体制改革的一项重要内容，是市场经济发展的必然产物，也是园林工程市场走向规范化、完善化的重要举措，对择优选择承包单位、降低工程造价，进而使园林工程造价得到合理控制，具有重要意义。

【知识目标】

1）掌握工程招标投标概念。

2）掌握工程招标投标主体的权利及义务。

3）熟悉工程招标投标一般程序。

【技能目标】

1）能熟知工程招标投标的相关法律法规。

2）能按照招标投标程序组织招标及投标工作。

【任务描述】

某国有资金投资的园林工程施工项目，投资估算价600万元，采用公开招标方式进行施工招标，业主委托招标代理机构编制了招标文件。该项目招标文件有如下规定。

1）招标人不组织项目现场勘察活动。

2）招标文件出售时间：2019年3月4日8:30，投标截止时间是2019年3月28日8:30。

3）项目投标保证金12万元，且必须从企业基本账户转出。

4）投标有效期自投标人提交投标文件时开始计算。

5）投标人近3年获得本省省级质量奖项可作为加分条件。

在项目的投标及评标过程中发生了以下事件。

事件1：投标人甲因对项目场地情况不熟悉，申请希望招标人安排一名工作人员陪同勘察现场。招标人同意安排一名工作人员陪同勘察现场并说明现场情况。

事件2：投标人乙在路上因堵车等原因提交投标文件时间是2019年3月28日8:35，招标人拒收该投标文件。

事件3：评标后，招标代理机构将中标结果直接通知了中标单位。

事件4：招标人发出中标通知后，中标单位提出因公司领导出差等原因，需要过1个月后方可签订承包合同。

任务点

1. 请逐条分析本项目招标文件的规定是否妥当，并分别说明理由。

2. 针对事件1～4，分别指出相关行为是否妥当，并说明理由。

笔记栏

【任务分析】

工程招标投标是应用技术经济的评价方法和市场经济的竞争机制的相互作用，通过有组织、有规则地开展择优成交的一种相对成熟、高级和规范化的交易活动，包括招标、投标、开标、评标、中标和签订合同六大环节。本任务的主要内容是了解招标投标全过程实施知识要点及应注意的问题，掌握招标投标基本知识，为以后学习招标投标理论知识和技能打下基础。

【知识准备】

一、工程招标的条件

工程项目招标必须符合相关法律法规规定的条件。这些条件分为招标人（即建设单位）应具备的条件和招标工程建设项目应具备的条件。

1. 招标人应具备的条件

1）是法人或依法成立的其他组织。

2）有与招标工程相适应的经济、技术管理人员。

3）有组织编制招标文件的能力。

4）有审查投标单位资质的能力。

5）有组织开标、评标、定标的能力。

2. 招标工程建设项目应具备的条件

1）招标人已经依法成立。

2）初步设计及概算应当履行审批手续的，已经批准。

3）有相应资金或资金来源已经落实。

4）有招标所需的设计图纸及技术资料。

二、园林工程招标投标有关概念

工程招标投标是国际上通用的比较成熟且科学合理的工程承发包方式，工程招标投标的相关概念见表 1-1。园林工程是以建设单位作为招标人，用招标方式择优选定工程设计、施工、监理单位等；而园林工程设计、施工、监理单位等为投标人，用投标方式竞标承接工程设计、施工、监理等任务。

招标投标
相关概念

表 1-1　工程招标投标的相关概念

序号	名　称	概　　念
1	招标人	在招标投标活动中以择优选择中标人为目的，提出招标项目、进行招标的法人或者其他组织
2	投标人	指在招标投标活动中以中标为目的，响应招标、参加投标竞争的法人或其他组织；一些特殊招标项目（如科研项目）也允许个人参加投标
3	工程招标	招标人将其拟发包的内容、要求等对外以招标公告或投标邀请书的方式发布，吸引或邀请多家承包单位参与承包工程建设任务的竞争，以便择优选择承包单位的活动
4	工程投标	投标人愿意按照招标人规定的条件承包工程，编制投标标书，提出工程造价、工期、施工方案和保证工程质量的措施，在规定的期限内向招标人提交投标文件（含电子投标文件）参与投标的活动
5	开标	在投标人提交投标文件后，招标人在规定的时间、地点，邀请投标人出席的情况下，当众开启投标人提交的投标文件或上传电子投标文件，公开宣布投标人的名称、投标价格及其他主要内容的行为
6	评标	招标人依法组建的评标委员会依据招标文件规定的评标标准和方法对投标文件进行审查、评审和比较的行为
7	定标	招标人或经授权的评标委员会根据评标结果拟定中标（候选）人
8	中标	中标候选人经中标公示无异议后，收到招标人发出的中标通知书
9	投标有效期	招标文件应当规定一个适当的投标有效期，以保证招标人有足够的时间完成评标和与招标人签订合同。投标有效期从提交投标文件的截止之日起算，一般不宜超过 90 日
10	投标保证金	投标保证金是指在招标投标活动中，投标人随投标文件一同提交给招标人的一定形式、一定金额的投标责任担保

笔记栏

三、工程招标投标主体

（一）招标人

1. 招标人资格能力要求

1）招标人是依法成立，有必要的财产或者经费，有自己的名称、组织机构和场所，具有民事权利能力和民事行为能力，依法独立享有民事权利和承担民事义务的经济和社会组织，包括法人组织和其他非法人组织。

2）招标人的民事权利能力范围受其组织性质、成立目的、任务和法律法规的约束，由此构成招标人享有民事权利的资格和承担民事义务的责任。

2. 招标人的权利

1）招标人有权自行选择招标代理机构，委托其办理招标事宜。招标人具有编制招标文件和组织评标能力的，可以自行办理招标事宜。

2）可自行选定招标代理机构。

3）招标人可以根据招标项目本身的要求，在招标公告或者投标邀请书中，要求潜在投标人具备相应资质条件；国家对投标人资格条件另有规定的，应遵从其规定。

4）在招标文件要求提交投标文件截止时间至少十五日前，招标人可以以书面形式对已发出的招标文件进行必要的澄清或者修改。该澄清或者修改内容是招标文件的组成部分。

5）招标人有权拒收招标文件要求提交的截止时间后送达的投标文件。

6）开标由招标人主持。

7）招标人根据评标委员会提出的书面评标报告和推荐的中标候选人确定中标人。招标人也可以授权评标委员会直接确定中标人。

3. 招标人的义务

1）招标人委托招标代理机构时，应当向其提供招标所需要的有关资料并支付招标代理服务费。

2）招标人不得以不合理条件限制或者排斥潜在投标人，不得对潜在投标人实行歧视待遇。

3）招标文件不得要求或者标明特定的生产供应者以及含有倾向或者排斥潜在投标人的其他内容。

4）招标人不得向他人透露已获取招标文件的潜在投标人的名称、数量以及可能影响公平竞争的有关招标投标的其他情况；招标人设有标底的，标底必须保密。

笔 记 栏

5）招标人应当明确投标人编制投标文件所需要的合理时间。依法必须进行招标的项目，自招标文件发出之日起至提交投标文件截止之日止，最短不得少于二十日。

6）招标人在招标文件要求提交投标文件的截止时间前收到的所有投标文件，开标时都应当众予以拆封、宣读。

7）招标人应当采取必要的措施，保证评标在严格保密的情况下进行。

8）中标公示无异议后，招标人应当向中标人发出中标通知书，并同时将中标结果通知所有未中标的投标人。

9）招标人和中标人应当自中标通知书发出之日起三十日内，按照招标文件和中标人的投标文件订立书面合同。

（二）投标人

1. 投标人的资格要求

《工程建设项目施工招标投标办法》第二十条规定，投标人参加工程建设项目施工投标应当具备以下资格。

1）具有独立订立合同的权利。

2）具有履行合同的能力，包括专业、技术资格和能力，资金、设备和其他物质设施状况，管理能力，经验、信誉和相应的从业人员。

3）没有处于被责令停业，投标资格被取消，财产被接管、冻结，破产状态。

4）在最近三年内没有骗取中标和严重违约及重大工程质量问题。

5）国家规定的其他资格条件。

园林绿化工程的施工企业应具备与从事工程建设活动相匹配的专业技术管理人员、技术工人、资金、设备等条件，并遵守工程建设相关法律法规。

2. 投标人的权利

1）平等地获得招标信息。

2）要求招标人或招标代理机构对招标文件中的有关问题进行答疑。

3）质疑、投诉招标过程中的违法、违规行为。

4）投标截止时间前修改投标文件。

5）参加公开开标。

6）依法分包等。

3. 投标人的义务

1）保证所提供的投标文件的真实性。

2）按评标委员会的要求对投标文件的有关问题进行澄清或答辩。

3）提供投标保证金或其他形式的担保。

笔记栏

4）中标后与招标人签订并履行合同，非经招标人同意不得转让或分包合同。

（三）招标代理机构

招标代理机构是指依法设立、受招标人委托代为组织招标活动并提供相关服务的社会中介组织。招标代理机构职责，是指招标代理机构在代理业务中的工作任务和所承担的责任。《中华人民共和国招标投标法》（以下简称《招标投标法》）第十五条规定，招标代理机构应当在招标人委托的范围内办理招标事宜，并遵守《招标投标法》关于招标人的规定。《中华人民共和国招标投标法实施条例》（以下简称《实施条例》）第十三条规定，招标代理机构在招标人委托的范围内开展招标代理业务，应当遵守《招标投标法》和《实施条例》关于招标人的规定。

1. 招标代理机构应当具备的条件

1）有从事招标代理业务的营业场所和相应资金。

2）有能够编制招标文件和组织评标的相应专业力量。

2. 招标代理机构应承担招标事项

《工程建设项目施工招标投标办法》第二十二条规定，招标代理机构可以在其资格等级范围内承担下列招标事宜。

（1）拟订招标方案　招标实施之前，招标代理机构凭借自身经验，根据项目特点，有针对性编制周密和切实可行的招标方案，提交给招标人，使招标人能预期整个招标过程情况，以便给予配合，保证招标方案顺利实施。招标方案对整个招标过程起着重要指导作用。

招标方案内容一般包括：建设项目的具体范围、拟招标的组织形式、拟采用的招标方式。上述内容确定后，还应制订招标项目的工作计划，计划内容包括招标流程、工作进度安排、项目特点分析和解决预案等。

（2）编制和出售资格预审文件、招标文件　招标代理机构的重要职责之一是编制招标文件。招标文件是招标过程中必须遵守的法律文件，是编制投标文件，接受投标，组织开标、评标，确定中标人和签订合同的依据。招标文件编制的优劣将直接影响招标质量和招标的成败，也是体现招标代理机构服务水平的重要标志。如果项目需要进行资格预审，招标代理机构还要编制资格预审文件。资格预审文件和招标文件须经招标人确认后，招标代理机构方可对外发售。

（3）组织审查投标人资格　招标代理机构负责组织资格审查委员会或评标委员会，根据资格预审文件或招标文件的规定，组织审查潜在投标人或投标人资格。

笔记栏

（4）编制标底、工程量清单和最高投标限价　根据招标人的委托，当招标代理机构同时具备相应工程造价咨询资质时，招标代理机构可编制标底、工程量清单和最高投标限价。招标代理机构应按国家颁布的法律法规、项目所在地政府管理部门的相关规定，编制标底、工程量清单和最高投标限价，并负有对标底保密的责任。

（5）组织开标、评标，协助招标人定标　招标代理机构按招标文件的规定，组织开标、评标等工作。根据评标委员会的评标报告结果，发布中标公示，协助招标人确定中标人，并向中标人发出中标通知书，向未中标人发出招标结果通知书。

（6）草拟合同　招标代理机构可以根据招标人的委托，依据招标文件和中标人的投标文件拟订合同，组织或参与招标人和中标人进行合同谈判，签订合同。

（7）招标人委托的其他事项　根据实际工作需要，有些招标人委托招标代理机构负责其他事项。一般情况下，招标人委托的招标代理机构承办所有事项，都应当在委托协议或委托合同中明确规定。

四、工程招标投标管理工作流程

工程招标投标管理工作流程见表 1-2。

表 1-2　工程招标投标管理工作流程

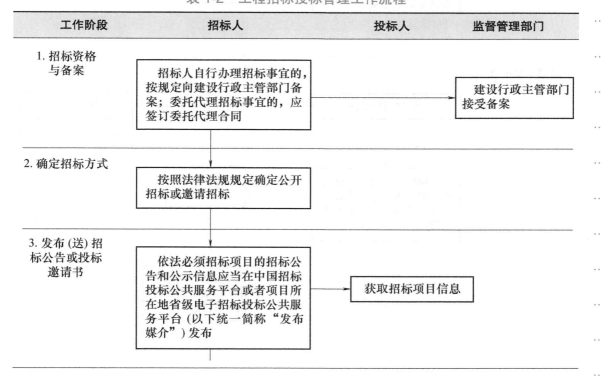

笔记栏

（续）

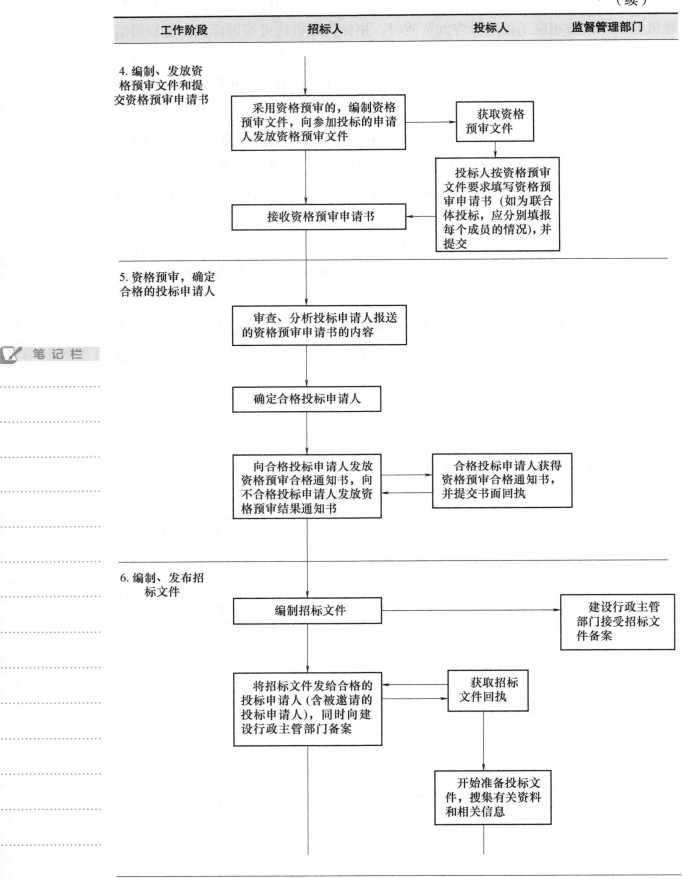

| 工作阶段 | 招标人 | 投标人 | 监督管理部门 |

（续）

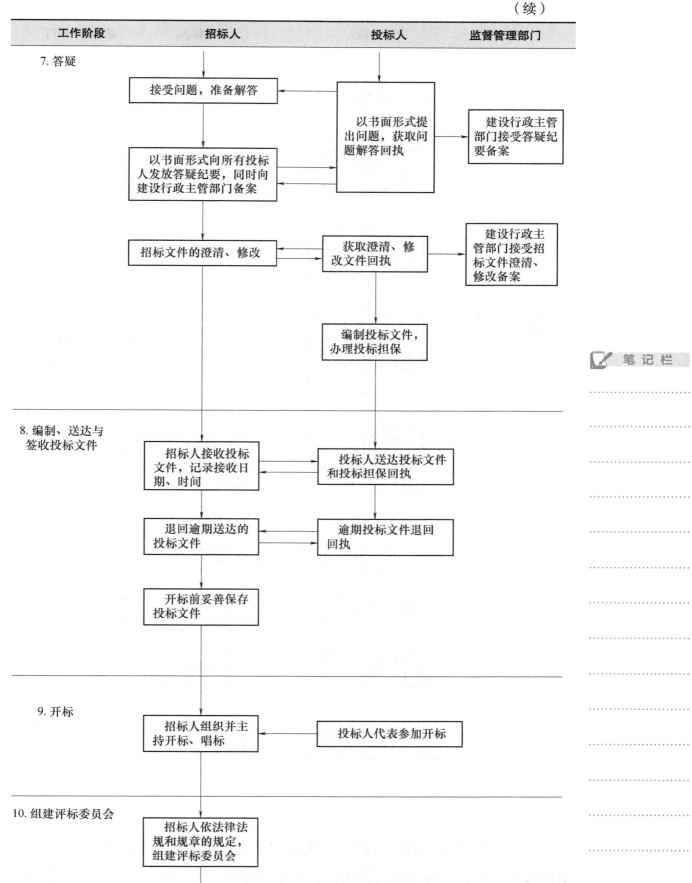

笔 记 栏

（续）

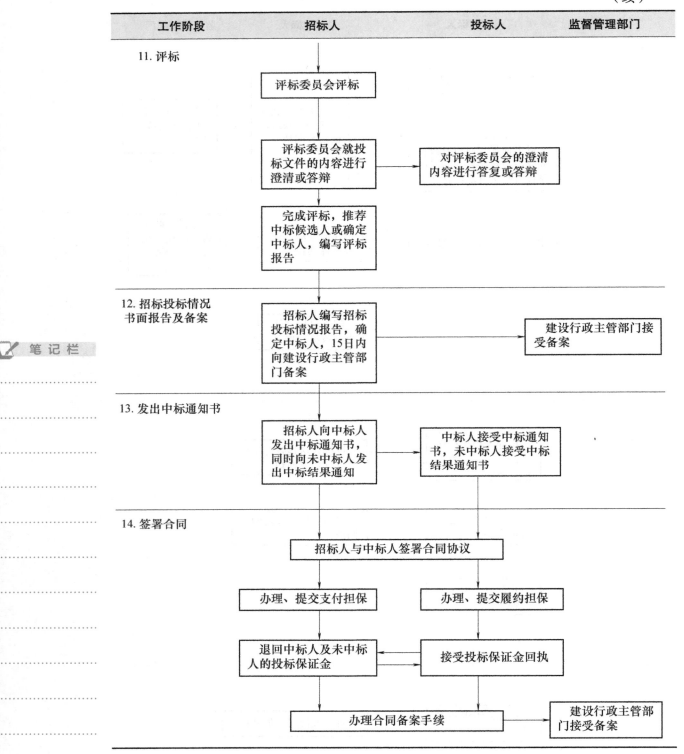

笔记栏

五、工程招标投标原则

（1）公开原则　建设工程招标投标活动具有高度的透明度，即"信息透明"，招标投标程序、投标人的资格条件、评标标准和方法、中标结果等信息都要公开，保证每个投标人能够及时获得有关信息，从而平等地参与投标竞争，依法维护自身的合法权益。将招标投标活动置于公开透明的环境中，也为当事人和社会的监督提供了重要条件，公开是公平、公正的基础和前提。

（2）公平原则　所有投标人在建设工程招标投标活动中，享有"机会均等"的权利，任何一方都不受歧视。招标人在招标投标各程序环节中给予所有投标人平等的机会，使其享有同等的权利并履行相应的义务，不歧视或者排斥任何一个投标人。按照这个原则，招标人不得在招标文件中要求或者标明特定的生产供应者以及含有倾向或者排斥潜在投标人的内容，不得以不合理的条件限制或者排斥潜在投标人，不得对潜在投标人实行歧视待遇，否则将承担相应的法律责任。

（3）公正原则　在建设工程招标投标活动中，按照同一标准实事求是地对待所有投标人，不偏袒任何一方，即"程序规范，标准统一"。这要求所有招标投标活动必须按照规定的时间和程序进行，以尽可能保障招标投标各方的合法权益，做到程序公正；招标评标标准应当具有唯一性，对所有投标人实行同一标准，确保标准公正。按照这个原则，《招标投标法》及其配套规定对招标、投标、开标、评标、中标、签订合同等都规定了具体程序和法定时限，明确了废标和否决投标的情形，评标委员会必须按照招标文件事先确定并公布的评标标准和方法进行评审、打分、推荐中标候选人，招标文件中没有规定的标准和方法不得作为评标和中标的依据。

（4）诚实信用原则　在建设工程招标投标活动中，招（投）标人应该以诚相待，讲求信义，实事求是，做到言行一致，遵守诺言，履行成约，不得见利忘义，投机取巧，弄虚作假，隐瞒欺诈，损害国家、集体和其他人的合法权益。

六、建设工程招标投标的意义

1）实行项目招标投标，基本形成了由市场价格定价的价格机制，使工程价格更加趋于合理。若干投标人之间出现激烈竞争，这种市场竞争最直接、最集中的表现就是在价格上的竞争。通过竞争确定出工程价格，使其趋于合理和下降，有利于节约投资，提高投资效益。

2）通过招标投标，使劳动消耗水平低的投标人获胜，可实现生产力资源较优配置。面对巨大的竞争压力，为了自身生存与发展，每个投标人都必须降低自己的劳动消耗水平，这样才能逐步降低社会平均劳动水平。

3）实行项目招标投标，便于供求双方更好地相互选择。由于供求双方各自出发点不同，存在利益矛盾，因而单纯采用"一对一"的选择方式，成功的可

笔 记 栏

能性较小。采用招标投标方式就为供求双方在较大范围内进行相互选择创造了条件，为招标人与投标人在最佳点上结合提供了可能。招标人对投标人选择的基本出发点是"择优选择"，即选择那些报价较低、工期较短、具有良好业绩和管理水平的投标人，这样为合理控制工程造价奠定了基础。

4）实行项目招标投标，有利于规范价格行为，使公开、公平、公正的原则得以贯彻。我国招标投标活动有特定的机构进行管理，有严格的程序必须遵循，有高素质的专家支持系统、工程技术人员的群体评估与决策，能够避免盲目过度的竞争和营私舞弊现象的发生，对园林工程领域中的腐败现象也是强有力的遏制，使价格形成过程变得透明而较为规范。

5）实行项目招标投标，能够减少交易费用，节省人力、物力、财力。招标投标中，若干投标人在同一时间、地点报价竞争，在专家支持系统的评估下，以群体决策方式确定中标者，必然减少交易过程的费用，这就意味着招标人收益的增加，对工程造价必然产生积极的影响。

笔记栏

【任务实施】

1. "任务描述"中项目招标文件的规定条款分析

① "招标人不组织项目现场勘察活动"妥当。《招标投标法》第二十二条规定，招标人不得向他人透露已获取招标文件的潜在投标人的名称、数量以及可能影响公平竞争的有关招标投标的其他情况。勘察可能导致泄密，现为保密，不组织勘察现场。

② "招标文件出售时间：2019 年 3 月 4 日 8:30，投标截止时间是 2019 年 3 月 28 日 8:30"妥当。依法必须进行招标的项目，自招标文件开始发出之日起至提交投标文件截止之日止，最短不得少于二十日。该项目招标文件出售时间与投标截止时间之间间隔 25 天，符合投标人编制投标文件所需要的合理时间。

③ "项目投标保证金 12 万元，且必须从企业基本账户转出"妥当。600 万元 ×2%=12 万元。《工程建设项目施工招标投标办法》第三十七条规定，招标人可以在招标文件中要求投标人提交投标保证金。投标保证金除现金外，可以是银行出具的银行保函、保兑支票、银行汇票或现金支票。投标保证金一般不得超过投标总价的百分之二，但最高不得超过八十万元人民币。

④ "投标有效期自投标人递交投标文件时开始计算"不妥。投标有效期是从提交投标文件的截止之日起算。

⑤ "投标人近 3 年获得本省省级质量奖项可作为加分条件"不妥。招标人不得以不合理条件限制或者排斥潜在投标人，不得对潜在投标人实行歧视待遇。

2. 事件 1～4 分析

【解析】事件 1：不妥。招标人不得组织任何投标人勘察项目现场。

事件 2：妥当。招标人有权也应当拒收招标文件要求提交的截止时间后送达的投标文件。

事件 3：不妥。招标代理机构根据评标委员会的评标报告，协助招标人发布中标公示，无异议后，才能向中标人发出中标通知书，向未中标人发出招标结果通知书。

事件 4：不妥。招标人和中标人应当自中标通知书发出之日起三十日内，按照招标文件和中标人的投标文件订立书面合同。

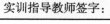【任务考核】

园林工程招标投标基础知识考核见表 1-3。

笔记栏

表 1-3　园林工程招标投标基础知识考核表

序号	考核项目	评分标准	配分	得分	备注
1	投标保证金	符合《工程建设项目施工招标投标办法》第三十七条规定	15		
2	招标人权利	符合招标人权利范围	15		
3	招标人义务	符合招标人义务范围	15		
4	投标人权利	符合投标人权利范围	15		
5	投标人义务	符合投标人义务范围	15		
6	招标投标代理机构职责	符合职责范围	25		
总分			100		

实训指导教师签字：　　　　　　　　　　　　　　　　年　　月　　日

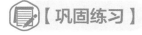【巩固练习】

某招标人经相关主管部门批准，组织某绿地园林绿化工程的公开招标工作。招标人委托了招标代理机构实施该工程的公开招标工作，该工程工期三年。考虑到主客观各种因素的影响，决定该工程在基本方案确定后即开始招标，确定的招标程序如下。

1）成立该工程招标领导机构。

2）委托招标代理机构代理招标。

3）发出投标邀请书。

4）对报名参加投标者进行资格预审，并将结果通知合格的申请投标者。

5）向所有获得资格的投标者发售招标文件。

6）召开投标预备会。

7）招标文件的澄清和修改。

8）依法组建评标委员会，制定标底和评标、定标办法。

9）召开开标会议，审查投标书。

10）组织评标。

11）与合格的投标者进行质疑澄清。

12）依据评标报告公示中标单位。

13）发出中标通知书。

14）建设单位与中标单位签订承发包合同。

请指出上述招标程序中的不妥和不完善之处。

笔 记 栏

本项目职业素养提升要点

工程招标投标对招标人、投标人和招标代理机构等不同主体都有一定的资格要求。在实际工作过程中，应该严格按照相关要求进行招标投标，培养良好的职业精神。

项目二　园林工程招标

园林工程项目招标，有大量的准备工作需要完成。在项目审批环节，要确定招标方式，发布招标公告（或投标邀请书），划定标段，制订招标方案，编制招标文件或资格预审文件，确定标底或招标控制价等。

◎【知识目标】

1）了解园林工程招标特点和招标方式。

2）了解招标标底与招标控制价的相关规定。

3）掌握招标公告的发布。

4）掌握园林工程资格预审文件的内容及格式。

5）掌握园林工程招标文件的内容及格式。

◎【技能目标】

1）能够发布招标公告。

2）能够编制园林工程资格预审文件和招标文件。

3）能够组织编制园林工程招标标底或招标控制价。

任务一　园林工程招标方式

📝【任务描述】

××学校拟建设校园广场景观绿化工程，工程概算450万元。该工程为国家财政拨款进行建设，资金已落实。按照工程建设程序进行该工程项目的施工招标。招标范围为图纸内包含的绿化种植及养护等内容；现场已经实现"四通一平"，具备招标条件。

任务点 /

根据以上工程内容、特点及基本要求选择招标方式。

【任务分析】

园林工程招标方式的选择对招标工作有着至关重要的作用。园林工程招标方式主要根据工程项目的特点、方案和技术资料的准备情况、招标人的管理能力、建设单位与施工单位的关系、实施的专业技术特点等因素来选择。

【知识准备】

一、园林绿化工程的定义和内容

笔 记 栏

园林绿化工程是指新建、改建、扩建公园绿地、防护绿地、广场绿地、附属绿地、区域绿地的绿化工程，以及对城市生态和景观影响较大的建设项目配套绿化工程。园林绿化工程主要包括园林绿化植物栽植、地形整理、园林设备安装及建筑面积 300m^2 以下单层配套建筑、小品、花坛、园路、水系、驳岸、喷泉、假山、雕塑、绿地广场、园林景观桥梁等。

二、园林绿化工程的类型

园林绿化工程施工与其他工程相比具有明显的艺术性、材料多样性、技术复杂性、季节性等特点。园林绿化工程根据项目的建设规模、工程特点、建设复杂性及特殊性等因素划分为四种类型，详见表 2-1。园林绿化工程项目招标时，招标人应根据园林绿化工程的不同类型对投标人承包工程的能力提出要求。

表 2-1   园林绿化工程类型

类型	工 程 规 模	工 程 特 点
Ⅰ类	工程造价 ≤ 400 万元	主要为植物栽植或园林要素较少的小型园林绿化工程项目
Ⅱ类	400 万元 < 工程造价 < 3000 万元	具有植物栽植及部分园林要素（如园林建筑物、构筑物、小品、园路、水系、喷泉、假山、雕塑）的中型园林绿化工程项目
Ⅲ类	工程造价 ≥ 3000 万元	具有植物栽植及部分园林要素（如园林建筑物、构筑物、小品、园路、水系、喷泉、假山、雕塑）的大型园林绿化工程项目

（续）

类型	工 程 规 模	工 程 特 点
Ⅳ类	—	1. 名木古树保护、高堆土（高度 5m 以上）、假山（高度 3m 以上）、仿古园林项目施工等技术较复杂的园林绿化工程项目 2. 植物专类园、动物园、立体绿化工程项目 3. 盐碱地、黑臭水体、矿山矿坑、塌陷地、污染土壤、荒漠、高陡边坡等特殊生态治理或修复工程项目

三、园林工程招标的分类

根据园林工程项目建设程序，园林工程招标可分为四类，即园林工程项目开发招标、园林工程勘察设计招标、园林工程监理招标和园林工程施工招标。

园林工程
招标分类

笔记栏

1. 园林工程项目开发招标

园林工程项目开发招标是指招标人邀请工程咨询单位对园林建设项目进行可行性研究，其成果是可行性研究报告。中标的工程咨询单位必须对自己提供的研究成果负责，可行性研究报告应得到招标人的认可。

2. 园林工程勘察设计招标

园林工程勘察设计招标是指招标人就拟建园林工程勘察和设计任务发布通告，以法定方式吸引勘察单位或设计单位参加竞争。经招标人审查获得投标资格的勘察、设计单位，按照招标文件的要求，在规定的时间内向招标人提交投标文件；招标人组织开标、评标后，择优确定中标单位来完成园林工程勘察或设计任务。

3. 园林工程监理招标

具备条件后，开展园林工程监理招标，流程同园林工程勘察设计招标。

4. 园林工程施工招标

园林工程施工招标是指针对园林工程施工阶段的全部工作开展的招标。根据园林工程施工范围大小及专业不同，园林工程施工招标可分为全部工程招标、单项工程招标和专业工程招标等。

四、园林工程招标组织形式

招标组织形式分为招标人自行招标和委托代理招标。

（一）招标人自行招标

招标人具有编制招标文件和组织评标能力的，可以自行办理招标事宜。任何单位和个人不得强制其委托招标代理机构办理招标事宜。依法必须进行招标的项目，招标人自行办理招标事宜的，应当向有关行政监督部门备案。《工程建设项目自行招标试行办法》对自行招标的条件作出了以下规定。

1）具有项目法人资格（或者法人资格）。

2）具有与招标项目规模和复杂程度相适应的工程技术、概预算、财务和工程管理等方面的专业技术力量。

3）有从事同类工程建设项目招标的经验。

4）熟悉和掌握《招标投标法》及有关法规规章。

（二）委托代理招标

采用委托代理招标方式时，招标人有权自行选择招标代理机构，委托其办理招标事宜，任何单位和个人不得以任何方式为招标人指定招标代理机构。

招标人不具备自行招标条件或者主动选择委托代理招标时，应综合比选招标代理机构的业绩、信誉、能力和水平，同时应符合招标代理管理的相关规定。

五、园林工程招标方式

目前园林工程招标方式包括公开招标和邀请招标。

（一）公开招标

公开招标是指招标人在国家指定的报刊、电子网络或其他媒体上发布招标公告，吸引不特定的法人或者其他组织参加投标竞争，招标人从中择优选择中标单位的招标方式。公开招标形式一般对投标人的数量不作限制，因此也称为无限竞争招标。

（二）邀请招标

邀请招标是指招标人以投标邀请书的方式直接邀请特定的法人或者其他组织参加投标的招标方式。招标人根据承包资信和业绩，选择一定数量的法人或其他组织（一般不能少于3家），向其发出投标邀请书，邀请其参加投标竞争。由于投标人的数量由招标人确定，因此数量有限，因此邀请招标又称为有限竞争招标。

公开招标和邀请招标的优缺点比较见表2-2。

六、工程招标方式的规定

（一）必须招标的工程项目规定

1）为了确定必须招标的工程项目，规范招标投标活动，提高工作效率，降低企业成本，预防腐败，《招标投标法》第三条对必须招标的工程项目作出了规定。

园林工程
招标方式

笔记栏

表 2-2 公开招标和邀请招标的优缺点比较

招标方式	优　点	缺　点
公开招标	（1）公平　对该招标项目感兴趣又符合投标条件的投标人都可以在公平竞争条件下，享有中标的权利与机会。 （2）价格合理　基于公开竞争，各投标人凭其实力争取中标，而不是由人为或特别限制规定中标价，价格比较合理。而且公开招标，各投标人自由竞争，因此招标人可获得最具竞争力的价格。 （3）改进品质　各竞争投标人的产品规格或施工方法不一，可以使招标人了解技术水平与发展趋势，促进其品质的改进。 （4）减少徇私舞弊现象　各项资料公开，经办人员难以徇私舞弊，更可避免人情关系	（1）需要一定的招标费用　招标文件编制与制作（电子招投标网上上传即可）、招标文件的澄清与修改、组织开标评标等，均需花费一定的人力与财力。 （2）手续繁琐　从招标文件编制到合同签订，每一阶段都必须认真准备，并且要严格遵循有关规定，不允许发生差错，否则容易引起纠纷。 （3）可能产生串通投标　对金额较大的招标项目，投标人之间可能串通投标，作不实报价或任意提高报价，给招标人造成困扰与损失。 （4）其他问题　投标人报出不合理的低价，以致带来偷工减料、交工延误等风险。招标人事先无法了解投标企业或预先进行有效的信用调查，可能会衍生意想不到的问题，如承包商倒闭、转包等
邀请招标	（1）节省时间和费用　纸质招标文件制作量少（一般邀请 3 家），投标人数量有限，评标工作量相对少些，可以节省时间和费用。 （2）比较公平　基于同一条件邀请单位投标竞价，所以机会均等。虽然不像公开招标那样不限制投标单位数量，但公平竞争的本质相同，只是竞争程度较低。 （3）减少徇私舞弊现象　防止串通投标现象	（1）由于竞争对手少，因此招标人获得的报价可能并不十分理想。 （2）由于招标人对供应市场了解不够，可能会漏掉一些有竞争力的投标人

笔记栏

①　大型基础设施、公用事业等关系社会公共利益、公众安全的项目。

②　全部或者部分使用国有资金投资或者国家融资的项目。

③　使用国际组织或者外国政府贷款、援助资金的项目。

2）《工程建设项目招标范围和规模标准规定》规定，关系社会公共利益、公众安全的基础设施项目或公用事业项目，使用国有资金投资的项目或国家融资项目，使用国际组织或者外国政府资金的项目，达到下列标准之一的，必须进行招标。

①　施工单项合同估算价在 400 万元人民币以上。

②　重要设备、材料等货物的采购，单项合同估算价在 200 万元人民币以上。

③　勘察、设计、监理等服务的采购，单项合同估算价在 100 万元人民币以上。

（二）可以邀请招标的情况

1）项目技术复杂或有特殊要求，或者受自然地域环境限制，只有少量潜在投标人可供选择。

2）涉及国家安全、国家秘密或者抢险救灾，适宜招标但不宜公开招标。

3）采用公开招标方式的费用占项目合同金额的比例过大。

4）法律法规规定不宜公开招标的。

有以上第2）项所列情形的，属于按照国家有关规定需要履行项目审批、核准手续的依法必须进行施工招标的工程建设项目，其招标范围、招标方式、招标组织形式应当报项目审批部门审批、核准。项目审批、核准部门应当及时将审批、核准确定的招标内容通报有关行政监督部门。

全部使用国有资金投资，以及国有资金投资占控股或者主导地位并需要审批的工程建设项目的，其邀请招标应当经项目审批部门批准，但项目审批部门只审批立项的，由有关行政监督部门审批。

（三）可以不进行施工招标的情况

1）涉及国家安全、国家秘密、抢险救灾或者属于利用扶贫资金实行以工代赈，需要使用农民工等特殊情况，不适宜进行招标。

2）施工主要技术采用不可替代的专利或者专有技术。

3）已通过招标方式选定的特许经营项目投资人依法能够自行建设。

4）采购人依法能够自行建设。

5）在建工程追加的附属小型工程或者主体加层工程，原中标人仍具备承包能力，并且其他人承担将影响施工或者功能配套要求。

6）国家法律法规规定的其他情形。

【任务实施】

一、工程条件分析

××学校拟建设校园广场景观绿化工程，已经具备如下条件。

1. 工程招标具备的条件

1）本工程概算已获批准。

2）本工程已经列入地方财政固定资产投资计划。

3）建设用地征用已经完成。

4）施工图纸及技术资料完整，满足施工要求。

5）建设资金已经落实。

6）本工程已获得所在地规划部门批准，施工现场"四通一平"已经完成，具备施工条件。

笔记栏

2. 建设单位招标具备的条件

1）建设单位是独立法人单位。

2）建设单位无与招标工程相适应的经济、技术、管理人员。

3）建设单位无组织编写招标文件的能力。

4）建设单位无组织开标、评标、定标的能力。

通过以上工程条件分析，该工程已经具备招标条件，但建设单位需要委托招标代理机构招标。

二、招标方式分析

1）该工程是该市财政拨款建设项目。

2）工程项目部不复杂，不涉及国家安全、国家秘密。

3）采用公开招标方式的费用占项目合同金额的比例不大。

通过上述条件分析，该工程适合采用公开招标方式。

三、招标方式确定

根据对本工程招标条件的分析，本工程应采取委托招标代理机构进行公开招标的方式。

【任务考核】

园林工程施工招标方式考核见表2-3。

表 2-3　园林工程施工招标方式考核表

序号	考核项目	评分标准	配分	得分	备注
1	工程招标具备条件	正确判断工程招标条件是否符合要求	25		
2	建设单位招标具备的条件	正确判断建设单位是否具备招标能力	25		
3	招标方式的分析	分析工程性质及条件	25		
4	招标方式确定	招标方式确定准确	25		
	总分		100		

实训指导教师签字：　　　　　　　　　　　　年　　月　　日

【巩固练习】

某市政府投资新建一处大型体育公园工程项目，工程内容有园路铺装、园林建筑小品等，投资估算 3000 万元。地质条件良好，现场已完成"四通一平"工作，满足开工条件。施工图纸齐备，招标人建设资金已落实。质量要求达到国家优良标准。

请问招标人应采用哪种招标方式？为什么？

任务二　园林工程招标公告

【任务描述】

××市教育局建设的××学校校园广场园林绿化工程项目已经按照国家规定履行了审批或核准手续，资金已经落实，技术规格、图纸、使用功能满足招标的技术条件。招标人地址：××路××号。工程地点：××街××号。本项目估算价约 560 万元，投标保证金 9 万元，工期要求：2019 年 2 月 28 日开工至 2019 年 5 月 29 日竣工，计划工期 91 天。招标范围：绿化、广场铺装、景墙景石、景观小品等，景观绿化面积约 15000m²。

对投标人的要求：具有独立企业法人资格，无在处罚期内的不良行为记录；营业执照中须体现园林绿化或相关经营范围，无在处罚期内的不良行为记录；本项目不接受联合体投标。

报名时间：2019 年 1 月 28 日至 2019 年 2 月 1 日。

任务点

根据上述园林工程施工招标资料编写招标公告。

【任务分析】

招标公告是招标人在进行科学研究、技术攻关、工程建设、合作经营或大宗商品交易时，公布标准和条件，提出价格和要求等项目内容，以期从中选择承包单位或承包人的一种文书。在市场经济条件下，招标有利于促进竞争，加强横向经济联系，提高经济效益。对于招标人来说，通过招标公告择善而从，可以节约成本或投资，降低造价，缩短工期或交货期，确保工程或商品质量，促进经济效益的提高。

【知识准备】

《工程建设项目施工招标投标办法》第十三条规定，采用公开招标方式的，招标人应当发布招标公告，邀请不特定的法人或者其他组织投标。依法必须进行施工招标项目的招标公告，应当在国家指定的报刊和信息网络上发布。采用邀请招标方式的，招标人应当向三家以上具备承担施工招标项目的能力、资信良好的特定的法人或者其他组织发出投标邀请书。

一、招标公告的特点

（一）公开性

这是由招标的性质决定的。招标是横向联系的经济活动，凡是投标人需要知道的内容，如招标时间、招标要求、注意事项等，都应在招标公告中予以公开说明。

（二）紧迫性

招标人只有在遇到难以完成的任务或难以解决的问题时，才需要外界协助，而且要尽快解决；如果拖延，势必会影响工作任务的完成，这就决定了招标公告具有紧迫性的特点。

二、招标公告的种类

（一）按照招标内容来划分

可以分为建筑工程招标公告、劳务招标公告、大宗商品交易公告、设计招标公告、企业承包招标公告、企业租赁招标公告等。

（二）按照招标的范围来划分

可以分为国际招标公告、国内招标公告、系统内部招标公告和单位内部招标公告等。

三、招标公告的内容与格式

依法必须招标项目的招标公告，应当根据招标投标法律法规以及国家发展改革委员会同有关部门制定的标准文件，编制实现标准化、格式化。

（一）内容

《工程建设项目施工招标投标办法》第十四条规定，招标公告或者投标邀请

笔记栏

招标公告的
内容与格式

书应当至少载明下列内容。

1）招标人的名称和地址。

2）招标项目的内容、规模、资金来源。

3）招标项目的实施地点和工期。

4）获取招标文件或者资格预审文件的地点和时间。

5）对招标文件或者资格预审文件收取的费用。

6）对招标人的资质等级的要求。

（二）格式

招标公告是公开招标时发布的一种周知性文书，要公布招标单位、招标项目、招标时间、招标步骤及联系方法等内容，以吸引投标人参加投标。招标公告通常由标题、招标号、正文和落款组成。

1. 标题

招标公告的标题是其中心内容的概括和提炼，形式上可分为单标题和双标题。

1）单标题。单标题有三种写法：一是完整式标题，由招标单位名称、招标项目和文种组成，如"××金融职业学院新校区工程招标公告"；二是省略式标题，可省略招标单位名称或招标项目，或者二者均略去，只留下文种名称，如"××大桥工程施工招标公告""××公司招标公告""招标公告"等；三是广告性标题，以生动吸引人的语言激发人们投标的欲望，如"给您一个大展身手的机会，请君租赁××营业厅"等。

2）双标题。正标题标明招标单位和文种，副标题点明招标项目。如"××进出口公司国际招标公告——××配套工程"。

2. 招标号

凡是由招标公司制作的招标公告，都须在标题下一行的右侧标明公告文书的编号，以便归档备查。编号一般由招标单位名称的汉语拼音第一个字母、年度和招标公告的顺序号组成。

3. 正文

招标公告的正文应包括以下内容。

1）招标条件。招标项目的名称以及项目的批准、核准或备案机关名称，资金来源，招标人名称等。

2）项目概况与招标范围。还要写明标段划分数量等。

3）投标人资格要求。分别提出投标人、项目负责人的资格要求，以及是否允许联合体投标等。

4）招标文件的获取。纸质招标文件要写明领取时间、地点；电子招标文件要写明下载时间、网址地址。

5）投标文件的提交。写明提交投标文件的地点及截止时间。

6）发布公告的媒介。列出同时发布招标公告的其他媒介的名称。

7）联系方式。包括招标人（代理机构）联系人的姓名、电话、传真、网址、地址、开户银行及账号等联系方式。

（三）招标公告范本

（项目名称）施工招标公告

1. 招标条件

本招标项目（项目名称）已由（项目审批、核准或备案机关名称）以（批文名称及编号）批准建设，项目业主为（业主名称），建设资金来自（资金来源），项目出资比例为（百分比），招标人为（招标人名称）。项目已具备招标条件，现对该项目施工进行公开招标。

2. 项目概况与招标范围

（说明本次招标项目的建设地点、规模、计划工期、招标范围等）。

3. 投标人资格要求

1）具有在中华人民共和国境内注册的独立企业法人资格，营业执照范围内应含园林绿化或相关内容。

2）拟派项目经理须为园林专业中级及以上职称。

3）本次招标不接受联合体投标。

4. 招标文件的获取

1）凡有意参加投标者，请于_____年____月____日至_____年____月____日，每日上午_____时至_____时，下午_____时至_____时（北京时间，下同），在（详细地址）持单位介绍信领取招标文件。

2）电子招投标请于_____年____月____日至_____年____月____日在（网址）下载。

3）图纸资料押金_____元，在退还图纸资料时退还（不计利息）。

5. 投标文件的提交

1）投标文件提交的截止时间为_____年____月____日____时____分，地点为_____；网络投标网址为_____。

2）逾期送达的或者未按时上传的投标文件，招标人不予受理。

笔记栏

3）投标保证金＿＿＿＿＿＿＿万元。缴纳方式为＿＿＿＿＿＿＿。

6. 发布公告的媒介

本次招标公告同时在（发布公告的媒介名称）上发布。

7. 联系方式

招 标 人：	招标代理机构：
地　　址：	地　　址：
邮　　编：	邮　　编：
联 系 人：	联 系 人：
电　　话：	电　　话：
传　　真：	传　　真：
电子邮箱：	电子邮箱：
网　　址：	网　　址：
开户银行：	开户银行：
账　　号：	账　　号：

年　　月　　日

笔 记 栏

（四）投标邀请书及确认通知范本

（项目名称）施工投标邀请书

1. 招标条件

本招标项目（项目名称）已由（项目审批、核准或备案机关名称）以（批文名称及编号）批准建设，项目业主为（业主名称），建设资金来自（资金来源），项目出资比例为（百分比），招标人为（招标人名称）。项目已具备招标条件，现邀请贵单位参加该项目施工投标。

2. 项目概况与招标范围

（说明本次招标项目的建设地点、规模、计划工期、招标范围等）。

3. 投标人资格要求

1）具有在中华人民共和国境内注册的独立企业法人资格，营业执照范围内应含园林绿化或相关内容。

2）拟派项目经理须为园林专业中级及以上职称。

3）本次招标不接受联合体投标。

4. 招标文件的获取

1）凡有意参加投标者，请于_____年____月____日至_____年____月____日，每日上午_____时至_____时，下午_____时至_____时（北京时间，下同），在（详细地址）持单位介绍信领取招标文件。

2）电子招投标请于_____年____月____日至_____年____月____日在（网址）下载。

3）图纸资料押金_____元，在退还图纸资料时退还（不计利息）。

5. 投标文件的提交

1）投标文件提交的截止时间为_____年____月____日____时____分，地点为_____；网络投标网址为_____。

2）逾期送达的或者未按时上传的投标文件，招标人不予受理。

3）投标保证金_____万元。缴纳方式为_____。

6. 确认

贵单位收到本投标邀请书后，请于（具体时间）前以传真或快递方式予以确认是否参加投标。

7. 联系方式

招 标 人：	招标代理机构：
地　　址：	地　　址：
邮　　编：	邮　　编：
联 系 人：	联 系 人：
电　　话：	电　　话：
传　　真：	传　　真：
电子邮箱：	电子邮箱：
网　　址：	网　　址：
开户银行：	开户银行：
账　　号：	账　　号：

年　　月　　日

笔 记 栏

确 认 通 知

（招标人名称）：

我方已于_____年___月___日收到你方_____年___月___日发
出的关于（项目名称）的通知，并确认（参加/不参加）投标。特此确认。

被邀请单位名称：（盖单位章）

法定代表人：（签字）

年　月　日

笔记栏

四、发布招标公告

公开招标项目应当发布招标公告。

1）任何单位和个人不可非法限制招标公告的发布地点和发布范围。

2）在指定媒介发布招标项目的境内招标公告时，不可收取费用；如果有借
机通过工程招标公告发布收取费用的，都属于不正当行为，可以通过有关部门投
诉举报。

3）在两个以上媒介发布同一招标项目的招标公告，其内容应相同。如果出
现不一致，以法定媒介内容为准。

《工程建设项目施工招标投标办法》第十五条规定，招标人应当按招标公告
或者投标邀请书规定的时间、地点出售招标文件或资格预审文件。自招标文件或
者资格预审文件出售之日起至停止出售之日止，最短不得少于五日。

招标人可以通过信息网络或者其他媒介发布招标文件，通过信息网络或者其
他媒介发布的招标文件与书面招标文件具有同等法律效力；出现不一致时，以书
面招标文件为准，国家另有规定的除外。

对于所附的设计文件，招标人可以向投标人酌收押金；对于开标后投标人退
还设计文件的，招标人应当向投标人退还押金。

招标文件或者资格预审文件售出后，不予退还。除不可抗力原因外，招标人
在发布招标公告、发出投标邀请书后，或者售出招标文件或资格预审文件后，不
得终止招标。

【任务实施】

招标公告范本如下。

××学校校园广场景观绿化工程施工招标公告

1. 招标条件

本招标项目 ×× 学校校园广场景观绿化工程已由 ×× 市发展和改革委员会以关于 ×× 学校校园广场景观绿化工程可行性研究报告的批复（2017）337 批准建设，项目业主为 ×× 市教育局，建设资金来自市财政拨款，项目出资比例为 100%，招标人为 ×× 市教育局。项目已具备招标条件，现对该项目施工进行公开招标。

2. 项目概况与招标范围

2.1 本次招标项目地点：×× 街 ×× 号。

2.2 工程规模：绿化、广场铺装、景墙景石、景观小品等，景观绿化面积约 15000m^2。

2.3 合同估算价：560 万。

2.4 招标范围：×× 学校校园广场景观绿化工程，详见招标文件、图纸及工程量清单。

2.5 工期要求：2019 年 2 月 28 日开工至 2019 年 5 月 29 日竣工，计划工期 91 天。

3. 投标人资格要求

3.1 具有在中华人民共和国境内注册的独立企业法人资格，营业执照范围内应含园林绿化项目。

3.2 拟派项目经理须为园林专业中级及以上职称，无在处罚期内的不良行为记录。

3.3 本项目不接受联合体投标。

4. 招标文件的获取

4.1 凡有意参加投标者，请于 2019 年 1 月 28 日至 2019 年 2 月 1 日，每日上午 8:00 时至 11:00 时，下午 13:00 时至 17:00 时，在 ×× 招标代理咨询公司 ×× 街 ×× 号持单位介绍信领取招标文件。

电子招投标请于 2019 年 1 月 28 日至 2019 年 2 月 1 日，在 ×× 下载招标文件。

笔 记 栏

4.2 投标保证金或投标担保金额与缴纳：需提交投标保证金 9 万元，按招标文件要求的缴纳方式进行缴纳。投标保证金或投标担保缴纳均须在开标前完成。

4.3 图纸资料押金 600 元，在退还图纸资料时退还（不计利息）。

5. 投标文件的提交

5.1 投标文件提交的截止时间为 2019 年 2 月 28 日 9 时 30 分。

5.2 开标地点：×× 公共行政服务中心五楼开标室。

5.3 逾期送达的或者未按时上传的投标文件，招标人不予受理。

6. 发布公告的媒介

本次招标公告同时在 ×× 省建设工程信息网上发布。

7. 其他说明

笔 记 栏

8. 联系方式

招 标 人：	招标代理机构：
地 址：	地 址：
邮 编：	邮 编：
联 系 人：	联 系 人：
电 话：	电 话：
传 真：	传 真：
电子邮箱：	电子邮箱：
网 址：	网 址：
开户银行：	开户银行：
账 号：	账 号：

年 月 日

【巩固练习】

某高职学院新校区校园景观绿化工程项目，已由某市政府批准建设，项目建设单位为某高职学院，建设资金为 890.8 万元，项目已具备招标条件。某招标代理有限公司受某高职学院的委托，现对该项目的施工进行公开招标，择优选定承包人。

请根据以上背景资料编制本项目招标公告。

任务三　园林工程招标资格预审

【任务描述】

××市政府投资建设的市区大型综合性公园，工程造价约4000万，工程技术比较复杂。招标人决定于2019年3月组织施工招标资格预审。资格预审文件采用《标准施工招标资格预审文件（2007年版）》（以下简称《标准资格预审文件》）编制，审查办法为合格制，其中部分审查因素和标准见表2-4。

表 2-4　审查因素和标准

审 查 因 素	审 查 标 准
申请人名称	与营业执照一致
申请签字盖章	有法定代表人或其委托代理人签字或盖单位公章
申请唯一性	只能提交唯一有效申请
营业执照	具备有效营业执照，经营范围中包含园林绿化（工程）施工的经营许可，具备承担招标项目的能力
项目经理资格	是园林绿化企业管理服务平台数据库中入库人员，且未在其他在施建设工程项目中担任项目负责人或其他职务
投标资格	有效，投标资格没有被取消或暂停
投标行为	合法，近三年内没有骗取中标行为
类似项目业绩	近三年4000万以上的类似项目业绩两项
其他	法律法规规定的其他条件

在资格预审文件规定的提交截止时间前，招标人收到了15份资格预审文件。招标人组建了资格审查委员会，对受理的15份资格预审文件进行审查，审查过程有关情况如下。

申请人A营业执照中经营范围没有园林绿化（工程）施工许可，资格审查委员会判定申请人A不能通过资格审查。

申请人B在2018年5月因在投标过程中参与围标而受到暂停投标资格一年的行政处罚，资格审查委员会认为暂停投标资格马上结束了，可以不作为审查的依据，依据资格预审文件判定申请人B通过了资格审查。

招标人临时要求审核申请人类似业绩要求在5000万以上，申请人D提交的申请文件中有一项类似业绩是 4200 万，资格审查委员会据此判定申请人 D 不能通过资格审查。

申请人 F 在申请函法定代表人处没有签字和盖章，资格审查委员会据此判定申请人 F 不能通过资格审查。

其他申请文件均符合要求。

经资格审查委员会审查，确定申请人 B、C、E、G、H、J、K、L、M、N、P、Q 12 家通过了资格审查。

招标人考虑到如果 12 家企业都参与该项目的投标，评标费用很大，于是决定通过抽签的方式，在通过资格预审的 12 家企业中确定 8 家参与最终的投标。在征得 12 家企业同意的情况下，招标人在资格预审结束的当天，便在 12 家企业有关代表的监督下组织了抽签活动，随后开始发售招标文件。资格预审通过的 12 家企业纷纷前来购买，代理机构拒绝了通过资格预审但抽签没抽中的 4 家企业的购买要求。这 4 家企业当即向代理机构提出了质疑，联名向当地监管部门提出了投诉。

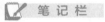 笔记栏

任务点

指出该案例中的资格审查过程是否妥当，并说明理由。

【任务分析】

资格预审是在招标投标活动中，招标人在发放招标文件前，对报名参加投标的申请人的承包能力、业绩、资格和资质、类似工程项目业绩情况、财务状况和信誉等进行审查，并确定合格的投标人名单的过程。资格预审对控制投标人的数量和质量，以及预防合同签订后履约风险的发生具有重要作用。

【知识准备】

一、资格审查的分类

资格审查分为资格预审和资格后审。

1. 资格预审

资格预审是指投标前对获取资格预审文件并提交资格预审申请文件的潜在投标人进行资格审查的一种方式。招标人通过发布招标公告的方式邀请不特定的潜在投标人参加资格预审，并向有意向的潜在投标人发售资格预审文件。潜在投标人根据资格预审文件的要求提交资格预审申请文件。招标人组织资格审查委员会

对资格预审申请文件进行审查，通过资格审查的潜在投标人将取得投标资格，有权获取招标文件和参加投标。资格预审的目的是审查投标人的企业总体能力是否适合招标工程的需要。资格预审一般适用于潜在投标人数量较多或者大型、技术复杂的招标项目。

采取资格预审时，招标人应当发布资格预审公告。招标人不得改变载明的资格条件或者以没有载明的资格条件对潜在投标人或者投标人进行资格审查。

2. 资格后审

资格后审是指在开标后对投标人进行的资格审查。资格后审时，在招标文件中应载明对投标人资格预审的条件、标准和评审方法。资格后审通常在评标过程的初步评审开始时进行，审查的内容与资格预审的内容一致。资格后审不合格的投标人，评标委员会应当对其投标作废标处理，不再进行详细评审。

进行资格预审的，一般不再进行资格后审，但招标文件另有规定的除外。

二、资格预审程序

1）编制资格预审文件。

2）发布资格预审公告。

3）出售资格预审文件。

4）资格预审文件的澄清、修改。

5）潜在投标人编制并提交资格预审申请文件。

6）对资格预审申请文件进行评审并编写资格评审报告。

7）招标人审核资格评审报告，确定资格预审合格的申请人。

8）向通过资格预审的申请人发出投标邀请书（代资格预审合格通知书），并向未通过资格预审的申请人发出资格预审结果的书面通知。

三、资格预审的审查内容

招标人应当在资格预审文件中载明资格预审的条件、标准和方法。资格预审的条件、标准和方法是审查的依据，也是指导申请人准备资格预审申请文件的依据。资格审查主要审查潜在投标人或者投标人是否具备参加工程建设项目施工投标的资格。

四、资格预审文件

（一）资格预审文件的组成

招标人根据《标准资格预审文件》和行业标准施工招标文件，结合招标项

笔 记 栏

目的具体特点和实际需要，按照公开、公平、公正和诚实信用原则编写施工招标资格预审文件。一般资格预审文件包括资格预审公告、申请人须知（前附表、总则）、资格预审审查办法、资格预审申请文件格式、项目建设概况等。

（二）资格预审审查办法

参照《标准资格预审文件》，资格预审的审查方法有合格制和有限数量制两种。

合格制是指按照资格预审文件载明的审查标准，对申请人的资格条件进行符合性审查，通过审查的申请人将取得投标资格，有权获得招标文件和参加投标。

有限数量制是指预先限定资格预审的人数，依据资格审查标准和程序，将审查的各项指标量化；审查委员会依据规定的审查标准和程序，对通过初步审查和详细审查的资格预审申请文件进行量化打分，按得分由高到低的顺序确定通过资格预审的申请人。通过资格预审的申请人不超过资格审查办法前附表规定的数量。

（三）资格预审申请文件的装订、签字

1）申请人编制完整的资格预审申请文件，用不褪色的材料书写或打印，并由申请人的法定代表人或其委托代理人签字或盖单位公章。资格预审申请文件中的任何改动之处应加盖单位公章，或由申请人的法定代表人或其委托代理人签字确认。

2）资格预审申请文件正本一份，副本份数见申请人须知前附表。正本和副本的封面上应清楚地标记"正本"或"副本"字样。当正本和副本不一致时，以正本为准。

3）资格预审申请文件正本与副本应分别装订成册，并编制目录。

五、资格预审申请文件的密封、标识和提交

（一）资格预审申请文件的密封和标识

1）资格预审申请文件的正本与副本应分开包装，加贴封条，并在封套的封口处加盖申请人单位公章。

2）在资格预审申请文件的封套上应清楚地标记"正本"或"副本"字样，封套还应写明的其他内容见申请人须知前附表。

3）未按以上要求密封和加写标记的资格预审申请文件，招标人不予受理。

（二）资格预审申请文件的提交

1）申请截止时间见申请人须知前附表。

2）提交资格预审申请文件的地点见申请人须知前附表。

3）除申请人须知前附表另有规定的外，申请人所提交的资格预审申请文件不予退还。

4）逾期送达或者未送达指定地点的资格预审申请文件，招标人不予受理。

六、资格预审的评审程序

（一）组建资格审查委员会

《实施条例》第十八条规定，国有资金占控股或者主导地位的依法必须进行招标的项目，招标人应当组建资格审查委员会审查资格预审申请文件。

依法必须进行招标的项目，其评标委员会由招标人的代表和有关技术、经济等方面的专家组成，成员人数为五人以上单数，其中技术、经济等方面的专家不得少于成员总数的三分之二。资格审查委员会成员的名单在审查结果确定前应当保密。

（二）审查

资格审查委员会根据资格预审文件规定的评审标准和方法，对资格预审申请文件进行系统的评审和比较。资格预审文件中没有规定的标准和方法不得作为评审的依据。评审程序如下。

1. 初步审查

初步审查一般审查申请人名称与营业执照、资质证书、安全生产许可证是否一致；资格预审申请文件是否经法定代表人或其委托代理人签字或加盖单位公章；申请文件是否按照资格预审申请文件中规定的内容格式编写；联合体申请人是否提交联合体共同投标协议，并明确联合体成员责任分工等。上述因素只要有一项不合格，就不能通过初步审查。

2. 详细审查

详细审查是审查委员会对通过初步审查的申请人的资格预审申请文件进行进一步审查。常见的详细审查因素和标准如下。

1）营业执照。营业执照的营业范围是否与招标项目一致，执照期限是否有效。投标人名称是否与营业执照上的名称一致。资格预审文件中是否有法定代表人或其授权的代表签字。

2）财务状况。审查经会计师事务所或审计机构审计的近年财务报表，包括资产负债表、现金流量表、利润表和财务情况说明书以及银行授信额度。核实申请人的资产规模、营业收入、资产负债率及偿债能力等抵御财务风险的能力是否达到资格审查的标准要求。

3）类似项目业绩。申请人提供招标人约定年限完成的类似项目情况，应附

笔记栏

中标通知书或合同协议书、工程竣工验收报告的复印件等证明材料；正在施工和新承接的项目情况，应附中标通知书或合同协议书的复印件等证明材料。根据申请人完成类似项目业绩的数量、质量、规模、运行情况，评审其已有类似项目的施工或生产经验的程度。

4）信誉。根据申请人近年来发生的诉讼或仲裁情况、质量和安全事故、合同履约情况以及银行资信，判断其是否满足资格预审文件规定的条件要求。

5）项目经理和技术负责人的资格。审核项目经理和其他技术管理人员的履历、任职、类似业绩、技术职称、职业资格等证明材料，评定其是否符合资格预审文件规定的资格、能力要求。

6）联合体申请人。评审联合体协议中联合体牵头人与其他成员的责任分工是否明确；联合体的资质等级是否符合要求，联合体各方有无单独或参加其他联合体对同一标段的投标。

7）其他。评审资格预审申请文件是否满足资格预审文件规定的其他要求。

3. 澄清

在审查过程中，资格审查委员会可以书面形式，要求申请人对所提交的资格预审申请文件中不明确的内容、明显文字错误等进行必要的澄清或说明。申请人的澄清或说明采用书面形式，并不得改变资格预审申请文件的实质性内容。申请人的澄清和说明内容属于资格预审申请文件的组成部分。资格审查委员会不得暗示或者诱导申请人作出澄清、说明，不得接受申请人主动提出的澄清、说明。

4. 提交审查报告

审查委员会按照规定的程序对资格预审申请文件完成审查后，确定通过资格预审的申请人名单，并向招标人提交书面审查报告。通过详细审查申请人的数量少于3个的，对于依法必须进行招标的项目，招标人应分析具体原因，采取相应措施后，重新组织资格预审或不再组织资格预审而采用资格后审办法直接招标。

资格预审评审报告一般包括工程项目概述、资格预审工作简介、资格评审结果和资格评审表等附件内容。

5. 通知和确认

《实施条例》第十九条规定，资格预审结束后，招标人应当及时向资格预审申请人发出资格预审结果通知书。未通过资格预审的申请人不具有投标资格。

招标人根据资格预审评审报告确认通过资格预审的申请人名单。其后，由招标人或招标代理机构向通过资格预审的申请人发出投标邀请书，邀请其购买招标文件和参与投标，并要求申请人确认是否参加投标；同时也向未通过资格预审的申请人发出未通过资格预审的通知。

【任务实施】

"任务描述"中资格审查过程分析如下。

（1）对申请人 A 的资格审查结果妥当　申请人 A 具备有效营业执照，经营范围中未包含园林绿化（工程）施工的经营许可，不具备承担招标项目的能力。

（2）对申请人 B 的资格审查结果不妥　申请人 B 的投标资格还在暂停时间内，投标资格无效，不符合"投标资格有效，投标资格没有被取消或暂停"的规定。

（3）对申请人 D 的资格审查结果不妥　资格预审文件中规定近三年 4000 万以上的类似项目业绩两项。资格审查委员会应以此为标准，招标人临时变更业绩条件无效。

（4）对申请人 F 的资格审查结果妥当　符合"资格预审申请文件应由法定代表人或其委托代理人签字或盖单位公章"的规定。

（5）招标人的做法不妥当　《工程建设项目勘察设计招标投标办法》第十四条规定，凡是资格预审合格的潜在投标人都应被允许参加投标，招标人不得以抽签、摇号等不合理条件限制或者排斥资格预审合格的潜在投标人参加投标。因此招标人抽签确定投标人的行为明显违反法律规定。

【任务考核】

园林工程施工招标资格预审考核见表 2-5。

表 2-5　园林工程施工招标资格预审考核表

序号	考核项目	评分标准	配分	得分	备　注
1	招标条件	条件描述准确	15		
2	项目概况与招标范围	项目概况描述准确，招标范围概括全面	15		
3	投标人资格要求	资格要求符合国家要求	15		
4	投标报名	投标报名时间、网站正确	15		
5	招标文件的获取	招标文件的获取时间、网址、地点正确，费用合理	15		
6	投标文件的提交	投标文件的提交截止时间符合《招标投标法》规定	15		

笔 记 栏

（续）

序号	考 核 项 目	评 分 标 准	配分	得分	备　　注
7	发布招标公告的媒介	符合国家要求	5		
8	联系方式	联系方式准确	5		
	总分		100		

实训指导教师签字：　　　　　　　　　　　　　　　年　　月　　日

【巩固练习】

某市政府对新建政府广场景观绿化工程以资格预审方式进行国内公开招标，以择优选定承包人。资格预审文件依据《标准资格预审文件》编制。招标人共收到 10 份资格预审申请文件，招标人按照下列程序组织了资格审查。

第 1 步：组建资格审查委员会。审查委员会由 5 人组成，其中招标人代表 1 人，招标代理机构代表 1 人，从政府相关部门组建的专家库中抽取技术、经济专家 3 人，由资格审查委员会对资格预审申请文件进行评审和比较。

第 2 步：对资格预审申请文件进行初步审查，发现有一家申请人名称与营业执照名称不符，有一家资格预审申请文件未经法定代表人或其委托代理人签字和盖章。资格审查委员会认为这两家不能通过详细审查。

第 3 步：对通过初步审查的资格预审申请文件进行详细审查，发现有一家项目经理的类似业绩、技术职称不符合资格预审文件规定的资格和能力要求。审查委员会认为这家申请人不符合相关规定，不能通过详细审查。

第 4 步：审查委员会经过上述审查程序，确认了通过第 2、3 步的 7 份资格预审申请文件的审查。

第 5 步：审查委员会解散。

根据上述项目资料，完成下列任务。

1）简述工程施工招标资格预审审查内容。

2）本案例中工程施工招标资格预审的程序是否正确？

任务四　园林工程招标文件的编制

【任务描述】

××市政府投资建设的公园具备招标条件，决定进行公开招标。招标人委

托 ×× 招标代理机构编制招标文件，表 2-6 为投标人须知前附表。

表 2-6　投标人须知前附表

条款号	条 款 名 称	编 列 内 容
1.1.2	招标人	名称：×× 工程建设管理中心 地址：×× 工业区 联系人：××× 电话：××
1.1.3	招标代理机构	名称：×× 工程造价咨询服务有限公司 地址：×× 街道中北大厦 1116 室 联系人：××× 电话：××
1.1.4	项目名称	×× 公园景观工程施工
1.1.5	建设地点	×× 临港工业区综合区
1.2.1	资金来源及比例	国有资金（100%）
1.2.2	资金落实情况	建设资金全部到位
1.3.1	招标范围	包含公园施工图纸内的全部绿化工程（详见工程量清单及设计图纸）
1.3.2	计划工期	计划工期：150 日历天 计划开工日期：2019 年 05 月 05 日 计划竣工日期：2019 年 10 月 02 日
1.3.3	质量要求	合格
1.4.1	投标人资质条件、能力	资质条件：×× 项目经理（建造师，下同）资格：×× 财务要求：×× 业绩要求：×× 其他要求：××
1.9.1	踏勘现场	踏勘时间：2019 年 03 月 11 日 14:00 时 踏勘集中地点：×× 工业区新管委会大楼 406 会议室
1.10.1	投标预备会	召开时间：2019 年 03 月 11 日 14:00 时 召开地点：×× 工业区新管委会大楼 406 会议室
1.10.2	投标人提出问题的截止时间	2019 年 3 月 13 日 10 时前，以书面形式传真至 ××
1.10.3	招标人书面澄清的时间	投标截止时间 15 日前
1.11	偏离	不允许
2.1	构成招标文件的其他材料	答疑文件、补充文件、设计图纸等招标人开标前发出的所有有关本项目的资料

笔 记 栏

（续）

条款号	条款名称	编列内容
2.2.1	投标人要求澄清招标文件的截止时间	投标截止时间 15 日前
2.2.2	投标截止时间	2019 年 04 月 05 日 9 时 00 分
2.2.3	投标人确认收到招标文件澄清的时间	在接到招标人的答疑文件后当日内（工作时间）予以书面确认，并于开标前将确认原件交至招标代理机构
2.3.2	投标人确认收到招标文件修改的时间	在接到招标人的答疑文件后当日内（工作时间）予以书面确认，并于开标前将确认原件交至招标代理机构
3.1.1	构成投标文件的其他材料	××
3.2.3	最高投标限价或其计算方法	××
3.3.1	投标有效期	提交投标文件截止之日起 60 天（日历日）
3.4.1	投标保证金	投标保证金的形式：投标人须以其基本账户出具的转账支票、汇票、电汇形式于开标前 3 个工作日注明项目名称后存入指定账户。 投标保证金的金额：人民币 50 万元（伍拾万元整）
3.5.2	近年财务状况的年份要求	经审计有效的财务报告（2018 年度）
3.5.3	近年完成的类似项目的年份要求	企业：2016 年—2018 年业绩 项目负责人：2013 年—2018 年业绩
3.6.3	签字或盖章要求	××
3.6.4	投标文件副本份数	正本 1 份，副本 6 份，电子光盘 2 套
3.6.5	装订要求	投标文件全部采用胶封，不得采用活页夹或拉杆夹，不按要求胶封予以废标
4.1.2	封套上应载明的信息	招标人地址： 招标人名称： （项目名称）投标文件 在 × 年 × 月 × 日 × 时 × 分前不得开启
4.2.2	提交投标文件地点	×× 工业区建设工程交易中心 3 楼开标室
4.2.3	是否退还投标文件	否
5.1	开标时间和地点	开标时间：2019 年 04 月 05 日 9:00 时 开标地点：×× 建设工程交易中心 3 楼开标室
5.2	开标程序	详见总则 5.2 款开标程序。 （1）密封情况检查　由监标人、投标人代表现场检查 （2）开封顺序　按照投标文件提交的逆顺序依次开封

笔记栏

（续）

条款号	条款名称	编列内容
6.1.1	评标委员会的组建	评标委员会构成：<u>7</u>人，其中招标人代表<u>2</u>人，专家<u>5</u>人。 评标专家确定方式：
7.1	是否授权评标委员会确定中标人	评标委员会按照得分由高到低的顺序，推荐 2 名有排序的中标候选人
7.2	中标候选人公示媒介	×× 建设工程信息网
7.4.1	履约担保	履约担保的形式：中标人基本开户行出具的汇票或支票。 履约担保的金额：按中标额的 10%
9	需要补充的其他内容	
10	电子招标投标	□否 □是，具体要求：××
…		……

投标人甲在踏勘现场时发现绿地种植土贫瘠，不符合植物生长条件，图纸说明中要求更换种植土，绿化工程工程量清单中对种植土没有要求。投标人甲在 2019 年 3 月 12 日向招标人提出绿化工程是否需要更换种植土的疑问，招标人经研究后决定绿地需要更换种植土，委托招标代理机构向提出疑问的投标人甲发出澄清文件，投标人甲确认收到澄清文件。

招标人在 2019 年 3 月 26 日发现招标文件中工程量清单部分工程量计算错误，委托招标代理机构向所有投标人发出修改工程量清单通知，投标人予以确认。2019 年 4 月 5 日正常开标。

任务点

1. 本案例招标过程中有哪些不妥之处？应如何处理？

2. 试为招标人编写工程量清单部分工程量计算错误修改通知函和投标人确认函。

【任务分析】

园林工程招标文件的编制是招标准备工作中最为重要的一环。按照《招标投标法》的规定，园林工程招标文件包括招标项目的技术要求、对投标人资格审查的标准、投标报价要求和评标标准以及拟签订合同的主要条款等所有实质性要求和条件。招标文件既是投标人编制投标文件的依据，又是招标人组织招标工作、评标、定标的依据，也是招标人与中标人订立合同的基础。因此，招标文件在整个招标过程中起着至关重要的作用。招标文件是招标人向投标人提供的具体项目招标投标工作的作业标准性文件，它阐明了招标工程的性质，规定了招标程序和规则，告知了订立合同的条件。招标人应十分重视编制招标文件的工作，并本着公平互利的原则，使招标文件严密、周到、细致、内容正确。编制招标文件是一项十分重要而又非常繁琐的工作，应有相关专家参与，必要时还应聘请咨询专家参加。

【知识准备】

一、招标文件的概念

招标文件是招标人向潜在投标人发出并告知项目需求、招标投标活动规则和合同条件等信息的文件。

二、招标文件的作用

1）是招标人和投标人必须遵守的行为准则。

2）是投标人编制投标文件的依据。

3）是评标委员会评标的依据。

4）是招标人回复质疑和相关部门处理投诉的依据。

5）是招标人和中标人签订合同的依据。

6）是招标人验收的依据。

三、园林工程施工招标文件编制原则

招标文件的编制应当遵守"合法、公正、科学、严谨"的原则。

1. 合法

合法是招标文件编制过程中必须遵守的原则。招标文件是招标工作的基础，也是今后签订合同的依据，因此招标文件中的每一项条款都必须是合法的。招标文件的编制必须遵守国家有关招标投标工作的各项法律法规，如《招标投标法》《实施条例》《中华人民共和国民法典》（以下简称《民法典》）等。

2. 公正

公正、公开招标才能吸引投标人有兴趣参与竞争，通过竞争达到择优目的，才能真正维护招标人和国家利益。招标文件的内容对各投标人是公正的，不能具有倾向性，刻意排斥某类特定的投标人。《招标投标法》第二十条规定，招标文件不得要求或者标明特定的生产供应者，以及含有倾向或者排斥潜在投标人的其他内容。另外，招标人虽然要以较低的价格进行交易，但也要考虑适当满足投标人在利润上的需求，不能将过多的风险转移到投标人一方，否则容易造成流标或在施工过程中出现偷工减料现象。

3. 科学

（1）科学合理划分招标标段　园林工程施工招标项目应依据园林工程建设项目管理承包模式、工程施工组织规划和各种外部条件、工程实施地点、工程进度计划和工期要求、各单位工程和分部工程之间的技术关联性以及投标竞争状况等因素，综合分析研究，科学合理划分标段。

（2）科学合理设置投标人资格　《招标投标法》第十八条规定，招标人可以根据招标项目本身的要求，在招标公告或者投标邀请书中，要求潜在投标人提供有关资质证明文件和业绩情况，并对潜在投标人进行资格审查；国家对投标人的资格条件有规定的，依照其规定。

笔记栏

（3）科学合理设置评标办法　评标办法是招标文件的重要组成部分，对招标结果起着决定性的作用。同一项目，对同一份投标文件，采用不同的评标方法，就会产生完全不同的结果。因此，评标办法的制定也是招标文件编制中的一项重要工作，应遵守科学、合理的原则。在编制招标文件时，应当根据招标项目的不同特点，因地制宜地选用不同的评标办法，科学地评选出最适合的企业来实施项目。

4. 严谨

招标文件编制的完善与否，对评标工作的工作量、评标的质量和速度有着直接影响。招标文件的内容要尽可能量化，避免使用一些笼统的表述。内容力求统一，避免各部分之间出现矛盾，导致投标人对内容理解不一致，从而影响投标人的正常报价。因此，文件各部分的内容要详尽、一致，用词要清晰、准确。招标文件中的合同条款，是投标人与中标人签订合同的重要依据，应详细写明项目涉及的所有事项，避免中标后再与中标人进行谈判，增加无谓的工作量。

四、园林工程招标文件的内容

园林工程施工招标文件的主要内容与其他工程施工招标文件大致相同，组卷方式可能有所不同。以《中华人民共和国标准施工招标文件（2017年版）》（以下简称《标准施工招标文件》）为例，施工招标文件的内容包括封面、招标公告

（投标邀请书）、投标人须知、评标办法、合同条款及格式、工程量清单、图纸、技术标准和要求、投标文件格式。

（一）投标人须知

投标人须知主要包括投标人须知前附表、投标人须知正文及投标人须知附表等内容。

1. 投标人须知前附表

（1）投标人须知前附表格式　投标人须知一般都有前附表，主要介绍项目概况和招标过程中的重要内容，让投标人快速掌握"投标人须知"中的内容。投标人须知前附表由招标人根据招标项目的具体特点和实际需要编制和填写，必须与招标文件的相关章节内容一致，不得与投标人须知正文的内容相抵触，否则抵触内容无效。

（2）投标人须知前附表的填写及注意事项

1）资金来源。填写投资的主体和构成。例如是国有投资还是民营投资？是全额国有投资还是国有投资只占其中的一部分比例？比例是多少？

2）招标范围。即本次招标的范围。

3）工期。国家的工期定额是行政管理部门按社会平均的生产水平和劳动强度测算出来的，其最大调整幅度为15%。招标工期应与定额工期的规定相一致；若个别招标项目的工期要求因特殊原因小于定额工期时，则应在招标文件中明确告知投标人，以便报价时考虑必要的赶工措施费。

4）质量要求。国家强制性的质量要求为"合格"。

5）投标人资质等级要求。园林绿化工程的施工招标不得对投标人设置企业资质要求，但在营业执照中要有体现。

6）投标有效期。招标文件应当规定一个适当的投标有效期，以保证招标人有足够的时间完成评标和与中标人签订合同。投标有效期从投标人提交投标文件截止之日起计算。

在原投标有效期结束前，出现特殊情况的，招标人可以书面形式要求所有投标人延长投标有效期。投标人同意延长的，不得要求或被允许修改其投标文件的实质性内容，但应当相应延长其投标保证金的有效期；投标人拒绝延长的，其投标失效，但投标人有权收回其投标保证金。因延长投标有效期造成投标人损失的，招标人应当给予补偿，但因不可抗力需要延长投标有效期的除外。

7）投标保证金。投标保证金主要用来保证投标人在提交投标文件后不得撤销投标文件，中标后不得无正当理由不与招标人订立合同，在签订合同时不得向

笔 记 栏

招标人提出附加条件或者不按照招标文件要求提交履约保证金，否则，招标人有权不予返还其提交的投标保证金。

① 投标保证金金额：招标人可以在招标文件中要求投标人提交投标保证金。投标保证金除现金外，也可以是银行出具的银行保函、保兑支票、银行汇票或现金支票。

投标保证金不得超过项目估算价的百分之二，且不得超过八十万元人民币。投标保证金有效期应当与投标有效期一致。

投标人应当按照招标文件要求的方式和金额，将投标保证金随投标文件提交给招标人或其委托的招标代理机构。

依法必须进行施工招标的项目的境内投标单位，以现金或者支票形式提交的投标保证金应当从其基本账户转出。

② 投标保证金提交的时间：投标保证金是投标人对其履行投标义务的保证，应当在提交投标文件的同时提交给招标人。

③ 投标保证金的退回：招标人最迟应当在与中标人签订合同后 5 日内，向中标人和未中标的投标人退还投标保证金及银行同期存款利息。

8）履约担保和支付担保。

履约担保是工程发包人为防止承包人在合同执行过程中违反合同规定或违约，并弥补给发包人造成的经济损失而设立的保证条件。履约担保是施工合同的有效组成部分。支付担保是指应承包人的要求，发包人提交的保证履行合同中约定的工程款支付义务的担保。对于政府投资项目，可以将其计划和财政部门的年度投资计划当作一种担保方式，而不必另外提供支付担保。

2.投标人须知正文

（1）投标人须知内容　投标人须知在招标文件中具有重要意义。投标人须知内容详见《标准施工招标文件》。

（2）编写投标人须知正文注意事项　投标人须知正文内容应当尽量简洁、准确，不必过分强调细节，不应偏离招标投标活动的根本目的。

（二）评标办法

1.经评审的最低投标价法

（1）概念　经评审的最低投标价法是指对符合招标文件规定的技术标准、满足招标文件实质性要求的投标，按招标文件规定的评标价格调整方法，将投标报价以及相关商务部分的偏差作必要的价格调整额评审，即将价格以外的有关因素折成货币或给予相应的加权计算，以确定最低评标价或最佳的投标。经评审的最低投标价的投标人应当推荐为中标候选人，但是投标价格低于成本的除外。

（2）适用范围　经评审的最低投标价法适用于具有通用技术、性能标准或者招标人对其技术、标准没有特殊要求，工期较短，质量、工期、成本受不同施工方案的影响较小，工程管理要求一般的施工招标评标。经评审的最低投标价是招标人心中最经济的投标。当采用经评审的不低于成本的最低投标价法时，提倡对技术部分采用合格制评审的方法。但技术标的合格性评审，并不是不评审，而是要对工程内容是否完整，施工方法是否正确，施工组织和技术措施是否合理、可行，单价和费用的组成、工料机消耗及费用、利润的确定是否合理，主要材料的规格、型号、价格是否合理，有无具有说服力的证明材料等方面进行重点评审。

2. 综合评估法

（1）概念　综合评估法是将投标报价、施工组织设计、投标人和项目经理资信具体量化，并赋予相对权重分值，最大限度地满足招标文件中规定的各项综合评价标准，按照得分由高到低择优选择最佳投标人的方法。

（2）适用范围　综合评估法适用于建设规模较大，履约工期较长，技术复杂，质量、工期和成本受不同施工方案的影响较大，工程管理要求较高的施工招标评标。综合评估法不仅强调价格优势，而且强调技术因素和综合实力，但不能任意提高技术部分的评分比重，一般技术部分的分值权重不得高于40%，商务部分的分值权重不得低于60%。

（三）工程量清单

工程量清单是招标人或招标代理机构依据招标文件及施工图纸和技术资料，依照清单工程量计算规则和统一的施工项目划分规定，将实施招标的工程建设项目实物工程量和技术性措施以统一的计量单位列出的清单，是招标文件的组成部分。工程量清单由封面签署页、编制说明和工程量清单表格三部分组成。

1. 工程量清单说明

1）工程量清单是根据招标文件中包括的、有合同约束力的图纸以及有关工程量清单的国家标准、行业标准、合同条款中约定的工程量计算规则编制。约定计量规则中没有的子目，其工程量按照有合同约束力的图纸所标示尺寸的理论净量计算。计量采用中华人民共和国法定计量单位。

2）工程量清单应与招标文件中的投标人须知、通用合同条款、专用合同条款、技术标准和要求及图纸等一起阅读和理解。

3）工程量清单仅是投标报价的共同基础，实际工程计量和工程价款的支付应遵循合同条款的约定和相关技术标准、要求的规定。

2.投标报价说明

1）工程量清单中的每一子目须填入单价或价格，且只允许有一个报价。

2）工程量清单中标价的单价或金额，应包括所需的人工费、材料和施工机具使用费和企业管理费、利润以及一定范围内的风险费用等。

3）工程量清单中投标人没有填入单价或价格的子目，其费用视为已分摊在工程量清单中其他相关子目的单价或价格之中。

3.工程量清单表格

1）工程量清单表范本（表2-7）。

表2-7　工程量清单

序号	编码	子目名称	内 容 描 述	单位	数量	单价/元	合价/元
					本页报价合计：_____		

2）计日工表。包括劳务（表2-8）、材料（表2-9）、施工机械（表2-10）和计日工汇总表（表2-11）。

表2-8　劳务表

编号	子 目 名 称	单 位	暂定数量	单价/元	合价/元

劳务小计金额：_____
（计入"计日工汇总表"）

表2-9　材料表

编号	子 目 名 称	单 位	暂定数量	单价/元	合价/元

材料小计金额：_____
（计入"计日工汇总表"）

笔 记 栏

表 2-10　施工机械表

编号	子目名称	单位	暂定数量	单价/元	合价/元

施工机械小计金额：＿＿＿＿＿＿＿＿
（计入"计日工汇总表"）

表 2-11　计日工汇总表

名称	金额/元	备注
劳务		
材料		
施工机械		

计日工总计：＿＿＿＿＿＿＿＿
（计入"投标报价汇总表"）

笔记栏

3）投标报价汇总表（表 2-12）。

表 2-12　投标报价汇总表

序号	汇总内容	金额/元	备注

4）工程量清单单价分析表（表 2-13）。

表 2-13　工程量清单单价分析表　　　　　（单位：元）

序号	编码	子目名称	人工费			材料费						机械使用费	其他	管理费	利润	单价
			工日	单价	金额	主材				辅材费	金额					
						主材耗量	单位	单价	主材费							

五、园林绿化工程招标文件技术能力规定

（一）投标人基本条件

1）承担各类园林绿化工程的投标企业应具有独立的法人资格，且有承担相应工程的资金能力、技术能力和履行合同的能力。

2）投标人出具的营业执照应列有从事园林绿化工程施工相关的经营范围。

3）投标人应具有承担相应工程的业绩和良好的信用记录。

（二）项目管理机构

1）投标人应根据招标文件的要求，结合工程规模、项目特点及技术要求等配置项目管理机构。

2）项目管理机构应由项目负责人、技术负责人、施工员、质检（量）员、安全员、材料员、档案员等管理人员组成。项目管理机构的人员数量和岗位配备应符合表 2-14 的规定。

笔 记 栏

表 2-14　项目管理机构的人员数量和岗位配备

工 程 规 模	人员数量 / 人	岗 位 配 备
Ⅰ类小型工程 （工程造价 ≤ 400 万元）	4	项目负责人（本专业中级职称）1 人；安全员 1 人；质量员 1 人；材料员 1 人（少施工员和档案员）
Ⅱ类中型工程 （400 万元 < 工程造价 < 3000 万元）	7	项目负责人（本专业中级职称）1 人；技术负责人（本专业中级职称）1 人；施工员 1 人；安全员 1 人；质量员 1 人；档案员 1 人；材料员 1 人
Ⅲ类大型工程 （工程造价 ≥ 3000 万元）	8	项目负责人（本专业中级职称）1 人；技术负责人（本专业中级职称）1 人；施工员 2 人；安全员 1 人；质量员 1 人；档案员 1 人；材料员 1 人
Ⅳ类特殊复杂工程	8	项目负责人（本专业中级职称）1 人；技术负责人（本专业中级职称）1 人；施工员 2 人；安全员 1 人；质量员 1 人；档案员 1 人；材料员 1 人

注：1. 表中的人员数量、职称和岗位配备一般为最低标准。

　　2. 施工技术复杂的大型工程，在以上配备的基础上应适当增加相关技术管理人员。

　　3. 工程规模 ≤ 400 万元的技术复杂型工程，如名木古树保护、高堆山、假山、立体绿化、仿古园林等，在满足工程对特殊技术人员的配备需求基础上，可适当减少其他管理人员数量。

3）项目负责人应符合下列规定。

① 应具有园林或园林相关专业学历教育背景，具有园林或园林相关专业工程技术职称，并取得相应等级的园林绿化工程项目负责人人才评价合格证书。

② 应定期参加行业主管部门或省级以上行业协（学）会举办的专业培训或继续教育。

③ 承担Ⅰ、Ⅱ类园林绿化工程的项目负责人，应具有园林专业中级及以上职称及园林绿化工程施工管理 5 年以上工作经历。

④ 承担Ⅲ、Ⅳ类园林绿化工程的项目负责人，应具有园林专业中级及以上职称及园林绿化工程施工管理 10 年以上工作经历。

⑤ 工作经历按实际从事专业管理工作时间起算，可参考学历证书颁发时间确定。

⑥ 近年来承担类似工程的施工项目，并有相应的工程业绩和良好的信用记录。

4）项目技术负责人应符合下列规定。

① 应具有园林或园林相关专业学历教育背景，具有园林或园林相关专业工程技术职称。

② 承担Ⅱ类园林绿化工程的技术负责人，应具有园林专业中级及以上职称及园林绿化 5 年以上工作经历。

笔 记 栏

③ 承担Ⅲ、Ⅳ类园林绿化工程的项目技术负责人，应具有园林专业高级及以上职称及园林绿化 10 年以上工作经历。

④ 工作经历按实际从事专业管理工作时间起算，可参考学历证书颁发时间确定。

⑤ 近年来承担过同类型工程施工的技术管理工作。

5）项目负责人不得同时承担两个及以上在建工程项目。

6）施工现场配备的项目管理人员，应经过行业主管部门或协（学）会考核合格，持证上岗。施工员、质检（量）员还应定期参加省、市级园林绿化主管部门或协（学）会举办的专业培训和继续教育。

（三）技术工人

1）投标企业应具有一定数量的技术工人储备。

2）企业储备的技术工人数量和工种配备应符合表 2-15 的规定。

表 2-15　技术工人数量和工种配备

工 程 规 模	企业技术工人数量／人	工 种 配 备
Ⅰ类小型工程 （工程造价≤ 400 万元）	10	包括绿化工、花卉工、砌筑工、木工、电工、园林植保工等，相关工种应与工程内容相匹配
Ⅱ类中型工程 （400 万元＜工程造价＜3000 万元）	20 ~ 30	包括绿化工、花卉工、花艺环境设计师、砌筑工、木工、电工、园林植保工等，相关工种应与工程内容相匹配。 高级专业技术工人不少于 6 人，其中高级绿化工或高级花卉工总数不少于 3 人

（续）

工 程 规 模	企业技术工人数量/人	工 种 配 备
Ⅲ类大型工程 （工程造价 ≥ 3000 万元）	30 ~ 40	包括绿化工、花卉工、花艺环境设计师、砌筑工、木工、电工、园林植保工等，相关工种应与工程内容相匹配。 高级专业技术工人不少于 10 人，其中高级绿化工或高级花卉工总数不少于 5 人
Ⅳ类特殊复杂工程	30 ~ 40	应具有从事名木古树保护、大规模假山、仿古园林施工等技术复杂内容的专业技术人员，如园林植保工、假山工、木雕工、石雕工、古建瓦工、油漆工、彩绘工等

注：1. 表中的工人数量和工种配备为企业应当具备工种人数的标准。

　　2. 工程规模较小的技术复杂型工程，如名木古树保护、假山、仿古园林等，在满足工程对特殊专业技术工人配备的基础上，可适当减少其他人员数量。

3）各类技术工人应定期参加省、市级行业管理部门或协（学）会举办的继续教育培训，考核或培训合格后持证上岗。

（四）工程业绩

1）投标人近年来应承担过类似园林绿化工程的施工项目，并有良好的工程业绩和履约记录。应在招标文件中明确对投标人具备的工程业绩要求。

2）对Ⅰ类园林绿化工程的招标可不设置工程业绩的要求；对Ⅱ ~ Ⅳ类园林绿化工程的招标，企业以及项目负责人应具有从事类似工程的业绩记录。

3）工程招标投标设置的相应工程业绩应符合下列规定。

① 工程业绩应根据招标项目的特点，在招标公告、招标文件中明确相应的量化指标及期限。量化指标可为面积或造价规模，但不应超过招标项目相应指标的 70%。

② 工程业绩的证明材料一般为中标通知书、合同、竣工验收证明等。

③ 投标人所提供的工程业绩证明应在园林绿化信用信息管理系统（诚信库）中记录。

（五）技术储备

1）投标人应具有与工程建设活动相匹配的技术储备，包括企业工法、施工技术规程（标准）、工艺、技术要点等。承担Ⅲ、Ⅳ类园林绿化工程的企业应有解决专类问题和特殊复杂问题的技术能力，如专项企业工法、专项工艺、标准等。

2）投标人承担Ⅲ、Ⅳ类园林绿化工程应具有二次设计深化能力。招标人可根据项目需要将风景园林设计能力纳入评标分值。

笔 记 栏

3）投标人应根据项目要求配备或租赁相应的施工机械设备，如洒水车、园林机械、吊装设备、运输车辆以及其他专用设备等。

4）投标人应根据招标文件要求，结合工程项目的地域条件、工程特点、施工范围、现场条件、施工管理、技术标准等编制施工组织设计。施工组织设计内容应包括工程概况、现场平面布置、进度计划、投资计划、质量措施、安全文明措施，以及关键施工技术、工艺和重点、难点的解决方案等。

5）对危险性较大、特殊复杂型分部（分项）工程，投标人应编制专项施工方案。专项施工方案内容包括工程概况、施工安排、施工方法、技术保证、安全措施、工法、企业标准等。

招标文件的
澄清与修改

六、招标文件的澄清与修改

1. 招标文件的澄清

投标人应仔细阅读和检查招标文件的全部内容。如发现缺页或附件不全，应及时向招标人提出，以便补齐。如有疑问，应在规定时间内以书面形式（包括信函、电报、传真等可以有形地表现所载内容的形式），要求招标人对招标文件予以澄清。

招标人对已发出的招标文件进行必要的澄清或者修改的，应当在招标文件要求提交投标文件截止时间至少十五日前，以书面形式通知所有招标文件收受人。该澄清或者修改的内容为招标文件的组成部分。

招标人不得指明澄清问题的来源。如果澄清发出的时间距投标截止时间不足15日，则应相应推迟投标截止时间。

投标人在收到澄清文件后，应在规定的时间内以书面形式通知招标人，确认已收到该澄清。投标人收到澄清后的确认时间，可以采用一个相对的时间，如招标文件澄清发出后12小时以内；也可以采用一个绝对时间，如2017年1月19日中午12:00以前。

2. 招标文件的修改

招标人对已发出的招标文件进行必要的修改，应当在投标截止时间15天前。招标人可以书面形式修改招标文件，并通知所有已购买招标文件的投标人。如果修改招标文件的时间距投标截止时间不足15日，则应相应推迟投标截止时间。投标人收到修改内容后，应在规定的时间内以书面形式通知招标人，确认已收到该修改文件。

采用电子招标方式的招标文件，其澄清和修改文件，在网上下载，并不是以书面形式发送投标人，投标人要密切注意投标人须知前附表的提示。

【任务实施】

1. "任务描述"案例招标过程中的不妥之处及处理方法

1）委托招标代理机构向提出疑问的投标人甲发出澄清文件不妥。招标文件的澄清应以书面形式（或网上下载方式）发给所有购买招标文件的投标人，但不指明澄清问题的来源。

2）在 2019 年 4 月 5 日正常开标不妥。招标人在 2019 年 3 月 26 日发出招标文件修改通知，距投标截止时间不足 15 天，而且工程量修改影响投标文件的编制，因此应延长投标截止时间。

2. 工程量清单部分工程量计算错误修改通知函和投标人确认函

（1）修改通知函（澄清通知）

招标文件的澄清通知

各投标单位：

根据委托单位要求对 ×× 公园景观工程施工（项目编号 LN2019001）的招标文件部分工程量清单进行修改。原招标清单见表 2-16。

表 2-16　原招标清单

序号	项目编码	项目名称	项目特征	单位	数量
10	050201001030	路面　芝麻白烧面花岗岩	1）1：3 干硬性水泥砂浆找平 50mm 厚 2）素水泥浆 5mm 厚 3）芝麻白烧面花岗岩 500×500×40（采用干石灰细砂扫缝后，洒水封缝），平行铺设	m²	1565.59
11	050201001036	路面　鲁灰烧面花岗岩	1）1：3 干硬性水泥砂浆找平 50mm 厚 2）素水泥浆 5mm 厚 3）鲁灰烧面花岗岩板 500×200×40（采用干石灰细砂扫缝后，洒水封缝），平行铺设	m²	141.60
12	050201002003	明牙石铺设　芝麻白花岗岩	1）1：2 干水泥砂浆卧牢 2）芝麻白花岗岩明边石 150×250×1000	10m	58.65

修改后清单见表 2-17。

笔记栏

表 2-17   修改后清单

序号	项 目 编 码	项 目 名 称	项 目 特 征	单位	数量
10	050201001030	路面 芝麻白烧面花岗岩	1）1：3 干硬性水泥砂浆找平 50mm 厚 2）素水泥浆 5mm 厚 3）芝麻白烧面花岗岩 500×500×40（采用干石灰细砂扫缝后，洒水封缝），平行铺设	m²	2476.00
11	050201001036	路面 鲁灰烧面花岗岩	1）1：3 干硬性水泥砂浆找平 50mm 厚 2）素水泥浆 5mm 厚 3）鲁灰烧面花岗岩 500×200×40（采用干石灰细砂扫缝后，洒水封缝），平行铺设	m²	259.80
12	050201002003	明牙石铺设 芝麻白烧面花岗岩	1）1：2 干水泥砂浆卧牢 2）芝麻白花岗岩烧面明边石 150×250×1000	10m	136.23

笔记栏

特此确认！

××工程造价咨询服务有限公司

2019 年 3 月 26 日

各投标单位收到本澄清后盖章传真至（传真号：××××）联系人：××。

（2）投标人确认函

回   执

××工程造价咨询服务有限公司：

我单位已收到 ×× 公园景观工程施工（项目编号 LN2019001）全部澄清及补遗文件，特此确认。

投标人名称（公章）：

授权代表签字：

日期：

【任务考核】

对本任务完成情况的考核见表 2-18。

表 2-18　园林工程招标文件编制考核表

序号	考 核 项 目	评 分 标 准	配 分	得 分	备　注
1	投标人须知表	格式正确、内容准确	20		
2	评标办法	评标办法科学、合理、公正、公平	20		
3	合同条款及格式	合同条款合法、公平、公正	15		
4	投标格式	满足评标要求	20		
5	技术标准和要求	符合国家及专业规范、要求合理	15		
6			10		
	总分		100		

实训指导教师签字：　　　　　　　　　　年　月　日

【巩固练习】

某市政府投资建设的园林绿化工程已经由主管部门批准，施工图纸及有关技术资料齐全。招标人决定对该项目进行施工招标。工程造价估算 800 万元。招标人对该园林绿化工程项目的技术、标准没有特殊要求，工期较短，质量、工期、成本受不同施工方案影响较小。摘录招标文件中部分内容如下。

1）招标文件出售时间 2019 年 7 月 22 日，投标截止日期 2019 年 8 月 7 日。

2）召开投标预备会时间 2019 年 7 月 29 日，投标人提出问题的截止时间 2019 年 7 月 26 日。

3）评标办法采用综合评估法。

4）投标保证金 20 万元。

请问在该项目的招标文件中，哪些方面不符合招标投标的相关规定？

任务五　园林工程招标标底、招标控制价的编制

【任务描述】

某市政府投资的园林工程建设项目，项目招标人委托某招标代理机构采用公

开招标方式代理项目施工招标，并委托具有相应资质的工程造价咨询企业编制了招标控制价。招标过程中发生以下事件。

事件1：招标人要求招标代理机构将已根据招标控制价编制原则和依据编制好的招标控制价再下浮5%，并在招标文件中仅公布了招标控制价总价。

事件2：招标人在开标前10日以书面形式通知各投标人不设招标控制价而设标底。招标人在私下为投标人甲泄露标底价格。开标后，投标人甲中标。

事件3：编制招标控制价的造价咨询企业为投标人乙编制了投标文件。

任务点

1. 指出事件1、2中招标人行为的不妥之处，并说明理由。
2. 指出事件3中工程造价咨询企业行为的不妥之处，并说明理由。

【任务分析】

招标控制价是招标人根据国家或省级、行业建设主管部门发布的有关计价规定，以及拟订的招标文件和招标工程量清单，结合工程具体情况编制的招标工程最高投标限价。招标控制价反映了招标人对招标工程的预期价格，是衡量、评审投标人投标报价是否合理的依据。由招标人编制的招标控制价不仅能够保护自己的利益不受到损失，还能保证工程招标成功，工程建设顺利进行。

【知识准备】

一、标底

（一）标底的概念

标底是指招标人根据工程施工招标项目的具体情况，通过客观、科学计算、期望控制的招标工程所需的全部费用。

《招标投标法》没有明确规定招标工程是否必须设置标底价格，招标人可根据工程的实际情况自己决定是否需要编制标底。任何单位和个人不得强制招标人编制或报审标底，也不得干预招标人自行确定标底。一个招标项目只能有一个标底。标底必须保密。编制标底的机构不得参加招标项目的投标，也不得为招标项目的投标人编制投标文件和提供咨询。

（二）标底的作用

1）标底是招标人控制建设工程投资，确定工程合同价格的参考依据。标底是评标的参考，不得作为否决投标和确定中标人的唯一依据。

2）标底是衡量、评审投标人投标报价是否合理的尺度和依据。标底必须以严肃认真的态度和科学合理的方法进行编制，应当实事求是，综合考虑和体现发包方和承包方的利益。

（三）标底编制原则

1. 客观、公正

招标投标时，各单位的经济利益不同。招标单位希望投入较少的费用，按期、保质、保量完成工程建设任务，而投标单位的目的则是以最少的投入获取尽可能多的利润。这就要求工程造价专业人员具有良好的职业道德，站在客观、公正的立场上，兼顾招标单位和投标单位的双方利益，以保证标底的客观、公正性。

2. 量准价实

在编制标底时，由于设计图纸的深度不够，对材料用量的标准及设备选型等内容交底较浅，因此可能会造成工程量计算不准确，设备、材料价格选用不合理。这就要求设计人员认真、严格按照技术规范和有关标准进行精心设计；而专业人员必须具备一定的专业技术知识，只有技术与各专业配合协调一致，才可避免技术与经济脱节，从而达到量准价实的目的。

（四）标底价格编制的依据

工程标底的编制主要需要以下基本资料和文件。

1）国家的有关法律、法规以及国务院和省、自治区、直辖市人民政府建设行政主管部门制定的有关工程造价的文件和规定。

2）工程招标文件中确定的计价依据和计价办法，招标文件的商务条款（包括合同条件中规定由工程承包方因承担义务而可能发生的费用），以及招标文件的澄清、答疑等补充文件和资料。在标底价格计算时，计算口径和取费内容必须与招标文件中的要求一致。

3）工程设计文件、图纸、技术说明及招标时的设计交底，按设计图纸确定的或招标人提供的工程量清单等相关基础资料。

4）国家、行业、地方的工程建设标准，包括建设工程施工必须执行的建设技术标准、规范和规程。

5）采用的施工组织设计、施工方案、施工技术措施等。

6）工程施工现场地质、水文勘探资料，现场环境和条件及反映相应情况的有关资料。

7）招标时的人工、材料、设备及施工机械台班等要素的市场价格信息，以

笔 记 栏

及国家或地方有关政策性调价文件的规定。

二、招标控制价

（一）招标控制价的概念

招标控制价又称最高投标限价，是招标人根据国家或省级、行业建设主管部门颁发的有关计价依据和办法，以及拟订的招标文件和招标工程量清单，结合工程具体情况编制的招标工程的最高投标限价。国有资金投资的工程建设项目应实行工程量清单招标，并应编制招标控制价。

（二）招标控制价的作用

招标控制价是招标过程中向投标人公示的工程项目总价格的最高限额，也是招标人能够接受的最高投标报价；超过招标控制价的投标文件，招标人有权根据招标文件的规定视其为废标。招标控制价有以下作用。

1）有效控制投资，防止恶性哄抬报价带来的投资风险。

2）提高了透明度，避免了暗箱操作、寻租等违法活动的产生。

3）可使投标人自主报价、公平竞争，符合市场规律。

4）设置了控制上限又尽量减少了业主依赖评标基准价的影响。

5）有利于引导投标人投标报价，避免投标人在无标底情况下的无序竞争。

6）可为工程变更、新增项目确定单价提供计算依据。

7）作为评标的参考依据，避免出现较大偏差。

8）招标控制价反映的是社会平均水平，为招标人判断最低投标价是否低于成本提供参考依据。

9）投标人根据自己的企业实力、施工方案等报价，不必揣测招标人的标底，提高了市场交易效率。

（三）招标控制价编制原则

为使招标控制价能够实现编制的根本目的，能够起到真实反映市场价格机制的作用，从根本上真正保护招标人的利益，在编制的过程中应遵循以下几个原则。

1. 社会平均水平原则

目前招标控制价是招标人按照各省制定的消耗量定额，依据市场价格并参照造价主管部门发布的指导价格来确定的。消耗量定额是由建设行政主管部门根据合理的施工组织设计，按照正常施工条件制定的，生产一个规定计量单位工程合格产品所需人工、材料、机械台班的社会平均消耗量，反映的是社会平均水平。

2. 诚实信用原则

招标控制价是根据具体工程的内容、范围、技术特点、施工条件、工程质量和工期要求、社会常规施工管理和通用技术情况确定的价格。从整体上来说，应在拟订好招标文件的前提下，以清单为基础，力求费用完整，符合施工条件情况与工程特点、质量和工期要求；充分利用市场价格信息，追求与市场实际价格变化相吻合；同时考虑风险因素，以不低于社会常规施工管理和通用技术水平，鼓励先进施工管理和技术发展为准则，达到增加投资效益的目标。

3. 公平、公正、公开原则

招标人在招标文件中如实公布招标控制价，不得对编制的招标控制价进行上浮或下调。招标人在招标文件中公布招标控制价时，应公布招标控制价各组成部分的详细内容，不得只公布招标控制价总价，并应将招标控制价报工程所在地工程造价管理机构备查。

（四）招标控制价的编制依据

1）《建设工程工程量清单计价规范》（GB 50500—2013）。

2）国家或省级、行业建设主管部门颁发的计价定额和计价办法。

3）建设工程设计文件及相关资料。

4）招标文件中的工程量清单及有关要求。

5）与建设项目相关的标准、规范、技术资料。

6）工程造价管理机构发布的工程造价信息；工程造价信息没有发布的参照市场价。

7）其他相关资料，主要指施工现场情况、工程特点及常规施工方案等。

（五）招标控制价编制的规定

1）国有资金投资的工程建设项目应实行工程量清单招标，招标人应编制招标控制价，并应当拒绝高于招标控制价的投标报价，即投标人的投标报价若超过公布的招标控制价，则其投标作为废标处理。

2）招标控制价应由具有编制能力的招标人或受其委托具有相应资质的工程造价咨询人编制。工程造价咨询人不得同时接受招标人和投标人对同一工程的招标控制价和投标报价的编制。

3）招标控制价应在招标文件中公布，对所编制的招标控制价不得进行上浮或下调。在公布招标控制价时，除公布招标控制价的总价外，还应公布各单位工程的分部分项工程费、措施项目费、其他项目费、规费和税金。

4）招标控制价超过批准的概算时，招标人应将其报原概算审批部门审核。这是由于我国对国有资金投资项目的投资控制实行的是设计概算审批制度，国有资金投资的工程原则上不能超过批准的设计概算。

5）投标人经复核认为招标人公布的招标控制价未按照《建设工程工程量清单计价规范》（GB 50500—2013）的规定进行编制的，应在招标控制价公布后 5 天内向招标投标监督机构和工程造价管理机构投诉。工程造价管理机构受理投诉后，应立即对招标控制价进行复查，组织投诉人、被投诉人或其委托的招标控制价编制人等单位人员对投诉问题逐一核对。当招标控制价复查结论与原公布的招标控制价误差大于 ±3% 时，应责成招标人改正。当重新公布招标控制价时，若重新公布之日起至原投标截止期不足 15 天，则应延长投标截止期。

（六）招标控制价编制程序

1）了解编制要求及范围。

2）熟悉施工图纸和有关文件。

3）熟悉与园林建设工程有关的标准、规范、技术资料等。

4）熟悉拟订的招标文件及其补充通知、答疑纪要等。

5）了解施工现场情况和工程特点。

6）熟悉园林绿化工程工程量清单。

7）工程造价汇总、分析、审核。

8）招标控制价成果文件确认、盖章。

9）招标控制价提交成果文件。

（七）招标控制价的编制内容

招标控制价的编制内容包括分部分项工程费、措施项目费、其他项目费、规费和税金。

1. 分部分项工程费

1）分部分项工程费应根据招标文件中的分部分项工程量清单及有关要求，按《建设工程工程量清单计价规范》（GB 50500—2013）的有关规定确定综合单价计价。

2）工程量依据招标文件中提供的分部分项工程量清单确定。

3）招标文件提供了暂估单价的材料，应按暂估的单价计入综合单价。

4）为使招标控制价与投标报价所包含的内容一致，综合单价中应包括招标文件中要求投标人所承担的风险内容及其范围（幅度）产生的风险费用。

2. 措施项目费

1）措施项目费中的安全文明施工费应当按照国家或省级、行业建设主管部门的规定标准计价，该部分不得作为竞争性费用。

2）措施项目应按招标文件中提供的措施项目清单确定，措施项目分为以

笔 记 栏

"量"计算和以"项"计算两种。对于可精确计量的措施项目，以"量"计算，即按其工程量用与分部分项工程工程量清单单价相同的方式确定综合单价；对于不可精确计量的措施项目，则以"项"为单位，采用费率法按有关规定综合取定，采用费率法时需确定某项费用的计费基数及其费率，结果应是除规费、税金以外的全部费用。计算公式见式（2-1）。

$$以"项"计算的措施项目清单费 = 措施项目计费基数 \times 费率 \qquad （2-1）$$

3. 其他项目费

1）暂列金额。暂列金额可根据工程的复杂程度、设计深度、工程环境条件（包括地质、水文、气候条件等）进行估算，一般可以分部分项工程费的10%～15%为参考。

2）暂估价。暂估价中的材料单价应按照工程造价管理机构发布的工程造价信息中的材料单价计算，工程造价信息未发布的材料单价，可参考市场价格估算；暂估价中的专业工程暂估价应分不同专业，按有关计价规定估算。

3）计日工。在编制招标控制价时，对计日工中的人工单价和施工机械台班单价应按省级、行业建设主管部门或其授权的工程造价管理机构公布的单价计算；材料应按工程造价管理机构发布的工程造价信息中的材料单价计算，工程造价信息未发布单价的材料，其价格应按市场调查确定的单价计算。

4）总承包服务费。总承包服务费应按照省级或行业建设主管部门的规定计算，在计算时可参考以下标准。

① 招标人仅要求对分包的专业工程进行总承包管理和协调时，按分包的专业工程估算造价的1.5%计算。

② 招标人要求对分包的专业工程进行总承包管理和协调，并同时要求提供配合服务时，根据招标文件中列出的配合服务内容和提出的要求，按分包的专业工程估算造价的3%～5%计算。

③ 招标人自行供应材料的，按招标人供应材料价格的1%计算。

4. 规费和税金

规费和税金必须按国家或省级、行业建设主管部门的规定计算。税金计算式见式（2-2）。

$$税金 = （分部分项工程量清单费 + 措施项目清单费 + $$
$$其他项目清单费 + 规费） \times 综合税率 \qquad （2-2）$$

（八）招标控制价的计价与组价

1. 招标控制价计价

单位工程招标控制价汇总表见表2-19。

笔记栏

表 2-19 单位工程招标控制价汇总表

工程名称：   标段：   第 页，共 页

序号	汇总内容	计算方法	金额/元
1	工程定额分部分项工程费、技术措施费合计	按计价规定计算/自主报价	
1.1	其中：人工费预算价		
1.2	其中：机械费预算价		
2	一般措施项目费（不含安全施工措施费）	按计价规定计算/自主报价	
3	其他措施项目费		
4	其他项目费		
4.1	其中：暂列金额	按计价规定计算/按招标文件提供金额计列	
4.2	其中：专业暂估价	按计价规定计算/按招标文件提供金额计列	
4.3	其中：计日工	按计价规定计算/自主报价	
4.4	其中：总承包服务费	按计价规定计算/自主报价	
5	工程定额分部分项工程费、措施项目费（不含安全施工措施费）、其他项目费合计	（1）+（2）+（3）+（4）	
6	规费	按规定标准计算	
6.1	社会保障费		
6.2	住房公积金		
6.3	工程排污费		
6.4	其他		
7	安全施工措施费	按规定标准估算/按规定标准计算	
8	税费前工程造价合计	（5）+（6）+（7）	
9	税金	（8）×规定税率	
招标控制价合计/投标报价合计		（8）+（9）	

注：1.本表适用于单位工程招标控制价或投标报价的汇总；如无单位工程划分，单项工程也使用本表汇总。

2.由于投标人（施工企业）投标报价计价汇总表与招标人（建设单位）招标控制价计价汇总表一样，为便于对比分析，此处将两种表格合并列出。表中带斜线的项，斜线后的内容用于投标报价，其余为通用栏目。

笔记栏

2. 综合单价的组价

招标控制价的分部分项工程费应由各单位工程的招标工程量清单乘以其相应综合单价汇总而成。首先，依据提供的工程量清单和施工图纸，按照工程所在地区颁发的计价定额规定，确定所组价的定额项目名称，并计算出相应的工程量；其次，依据工程造价政策规定或工程造价信息确定其人工、材料、机械台班单价；同时，在考虑风险因素，确定管理费率和利润率的基础上，按规定程序计算出所组价定额项目的合价，见公式（2-3），然后将若干项所组价的定额项目合价相加，除以工程量清单项目工程量，便得到工程量清单项目综合单价，见公式（2-4）。未计价材料费（包括暂估单价的材料费）应计入综合单价。

$$定额项目合价 = 定额项目工程量 \times [\sum(定额人工消耗量 \times 人工单价) +$$
$$\sum(定额材料消耗量 \times 材料单价) +$$
$$\sum(定额机械台班消耗量 \times 机械台班单价) +$$
$$价差（基价或人工、材料、机械费用） + 管理费和利润]$$

$$\hspace{12cm}（2\text{-}3）$$

$$综合单价 = 定额项目合价 / 工程量清单项目工程量 \hspace{2cm}（2\text{-}4）$$

3. 确定综合单价应考虑的因素

在确定综合单价时，应考虑一定范围内的风险因素。在招标文件中应预留一定的风险费用，或明确说明风险所包括的范围及超出该范围的价格调整方法。对于招标文件中未作要求的可按以下原则确定。

1）对于技术难度较大和管理复杂的项目，可考虑一定的风险费用，并纳入综合单价中。

2）对于工程设备、材料价格的市场风险，应依据招标文件的规定，工程所在地或行业工程造价管理机构的有关规定，以及市场价格趋势考虑一定率值的风险费用，纳入综合单价中。

3）税金、规费等法律、法规、规章和政策变化的风险和人工单价等风险费用不应纳入综合单价。

招标工程发布的分部分项工程量清单对应的综合单价，应按照招标人发布的分部分项工程量清单的项目名称、工程量、项目特征描述，依据工程所在地区颁发的计价定额和人工、材料、机械台班价格信息等进行组价确定，并应编制工程量清单综合单价分析表。

（九）编制招标控制价时应注意的问题

1）当材料价格未采用工程造价管理机构发布的工程造价信息时，需在招标文件或答疑补充文件中予以说明，采用的市场价格则应通过调查、分析确定，有可靠的信息来源。

2）施工机械设备的选型直接关系到综合单价水平，应根据工程项目特点和施工条件，本着"经济实用、先进高效"的原则确定。

3）应该正确、全面地使用行业和地方的计价定额与相关文件。

4）不可竞争的措施项目费和规费、税金等费用的计算均属于强制性条款，编制招标控制价时应按国家有关规定计算。

5）不同工程项目、不同施工单位会有不同的施工组织方法，所发生的措施费也会有所不同，因此，对于竞争性措施费用的确定，招标人应首先编制常规的施工组织设计或施工方案，并经专家论证确认后再确定措施项目与费用。

三、招标控制价与标底的区别

招标控制价与标底的区别见表 2-20。

笔 记 栏

表 2-20　招标控制价与标底的区别

项　目	标　底	招标控制价
公开性	不得公开，必须采取保密措施予以保密	必须公开，需要在招标文件中明确
强制性	不具有强制性，仅供参考使用	具有强制性，超过招标控制价的投标文件必须作否决投标处理
否决投标依据	不作为否决投标依据，也不作为中标依据	属于招标文件规定的否决投标文件，应当作为否决投标依据。

【任务实施】

1. 事件 1、2 中招标人行为的不妥之处分析

事件 1 中招标控制价下浮 5%，只公布招标控制价总价不妥。

理由：招标控制价应在招标文件中公布，对所编制的招标控制价不得进行上浮或下调。在公布招标控制价时，除公布招标控制价的总价外，还应公布各单位工程的分部分项工程费、措施项目费、其他项目费、规费和税金。

事件 2 中招标人在开标前 10 日宣布取消招标控制价设标底的做法不妥。

理由：开标前 10 日宣布取消招标控制价设标底属于招标文件重要条款的修改，不满足法律对招标文件澄清与修改发出的时间要求。《招标投标法》第二十三条规定，招标人对已发出的招标文件进行必要的澄清或者修改的，应当在招标文件要求提交投标文件截止时间至少十五日前，以书面形式通知所有招标文件收受人。另外，招标人私下泄露标底不妥，标底必须保密。

2.事件3中工程造价咨询企业行为的不妥之处分析

工程造价咨询企业为招标项目投标人编制投标文件不妥。

理由：工程造价咨询企业在编制投标文件时容易将获知的招标项目的价格组成情况泄露给投标人，对其他投标人不公平，应被禁止。

【任务考核】

对园林工程招标标底、招标控制价编制的任务完成情况考核见表 2-21。

表 2-21　园林工程招标标底、招标控制价的编制考核表

序号	考 核 项 目	评 分 标 准	配 分	得 分	备　注
1	分部分项工程费	按计价规定计算	20		
2	措施项目费	按计价规定计算	20		
3	其他项目费	按计价规定计算	15		
4	规费	按规定标准计算	20		
5	税金	按规定费率计算	15		
6	控制价	合计正确	10		
总分			100		

实训指导教师签字：　　　　　　　　　　　　　　年　　月　　日

【巩固练习】

某绿化工程采用工程量清单招标，按工程所在地的计价依据规定，规费和措施费以分部分项工程费中的人工费为计算基础。经计算，该工程分部分项工程费总计 850 万元，其中人工费为 200 万元。其他有关工程造价方面的背景资料如下。

招标文件中载明，该工程暂列金额 38 万元，材料暂估价 10 万元，计日工费 2 万元。

安全施工措施费率 1.71%，文明施工和环境保护费费率 0.85%，雨季施工费费率 0.85%。按合理的施工组织设计，该工程需要大型机械进出场及安拆费 2.5 万元，施工排水费 3 万元。以上各项费用已包含管理费和利润。

社会保障费中，养老保险 20%，失业保险 2%，医疗保险 10%，生育保险

1%，住房公积金 12%。税金费率 10%。

依据《建设工程工程量清单计价规范》(GB 50500—2013)，结合工程背景资料及所在地的计价依据规定，完成下列任务。

1）编制工程措施项目清单及计价表。

2）编制规费及税金项目清单计价表。

3）编制工程招标控制价汇总及计价表（计算结果保留 2 位小数）。

本项目职业素养提升要点

招标方式、招标公告、招标文件的组成与编制均涉及园林工程招标的程序、规则、法律。在学习园林工程招标的过程中，要培养严谨细致的工作作风，并了解相关职业法律知识，培养守法意识，规范职业行为。

笔记栏

项目三　园林工程投标

【项目概述】

　　随着我国园林绿化工程市场逐步发展，以及招标投标制度的建立和完善，园林市场的竞争日趋激烈，投标工作是企业承揽工程的主要途径。工程项目投标文件既是业主考核投标企业的技术实力、组织管理水平，确定工程造价和中标单位的主要依据，又是企业中标后组织施工和管理的重要文件，是对企业形象的最好展示。

　　投标文件是投标人在通过了招标项目的资格预审后（如果有），准备在本项目中投入的人力、物力、财力、施工方案、投标报价、工程的保证措施等对招标文件提出的实质性要求和条件作出的响应。园林工程投标文件一般包括商务标书和技术标书。

【知识目标】

　　1）掌握园林工程技术标书和商务标书的要求和格式。

　　2）掌握园林工程投标的程序。

　　3）掌握园林工程技术标书和商务标书的内容。

【技能目标】

　　1）能编制园林工程技术标书。

　　2）能编制园林工程商务标书。

　　3）能运用投标策略和投标技巧进行合理报价及回避风险。

　　4）能检查和密封园林工程投标文件。

任务一　园林工程投标准备工作

【任务描述】

　　某投标人在某园林绿化工程招标中，收到了招标人发来的资格预审合格通知书后，购买了招标文件。为保证投标顺利进行和增加投标中标率，投标人在投标前进行了认真准备。投标人根据前期详尽的准备工作资料编制了投标文件。经过开标、评标和定标，该投标人最终中标，获得某园林绿化工程的施工任务。

任务点

为了提高中标概率，投标人购买完招标文件后需要做哪些工作？

【任务分析】

投标前的准备工作是做好整个标书的关键和基础，要使整个标书清晰完整，施工组织设计及程序符合要求并具有针对性，报价合理又具有竞争性，就必须做好投标前的准备工作。调查研究、收集资料、熟悉招标书以及项目可行性研究是投标企业编制投标书及报价前的重要工作。

【知识准备】

投标与招标是相对应的概念，园林工程投标是指投标人愿意按照招标人规定的条件承包工程，编制投标标书，提出工程造价、工期、施工方案和保证工程质量的措施，在规定的期限内向招标人提交投标文件，参与竞标承揽工程建设任务的活动。投标人在投标前的准备工作主要有以下内容。

一、获取招标信息

提前获取招标信息，可以更早地进入准备阶段。随着云时代的到来，投标人获得招标信息的途径越来越多。大多数公开招标项目都在国家指定的媒体刊登招标公告。但投标人还要注意在其他途径上获取招标信息，提前进行资料积累和项目跟踪。获取园林工程招标信息的途径主要有以下几个。

1）通过公共关系网和与相关人员的接触获取园林工程的招标信息。

2）通过园林行业其他投标人获取招标信息。

3）通过招标人、投资部门、金融机构、规划设计院等获取园林工程项目招标信息。

二、调查研究

在招标投标项目管理中，调查研究是投标前准备工作中必不可少的一项。全面仔细的调查研究对以后的投标决策、投标策略以及中标后的工程管理都具有极其重要意义，调查研究主要从以下几个方面入手。

（一）政治方面

园林工程项目所在地的政治环境对制订项目实施计划有重要影响。园林工程施工项目的工期一般都比较长，项目与社会环境的相互联系与依存不会是一成不变的。一旦政治环境发生变动，相关的环境因素就会发生变化。因此，对于国际项目，要调查项目所在地的政治形势、社会制度、政局稳定性，项目所在国的风俗习惯、与周边国家的关系等；国内工程主要调查项目所在地对于建设工程的宏观政策。

（二）法律方面

投标人在招标投标活动中以及以后在合同履行过程中都有可能涉及法律、法规。因此，对于国际工程，要调查研究项目所在国家颁布的法律、法规，坚持法律适用原则。对于国内工程，除适用国家颁布的法律、法规外，还要研究地方性法规。

（三）招标人方面

主要调查招标人合法地位、资信情况、工程款支付能力以及履约能力、社会诚信度等。招标人以上各方面条件是决定投标决策的重要因素。

（四）工程项目方面

工程项目自身特征决定了项目的建设难度，也决定了项目获得利润的大小，是投标决策的影响因素。工程项目方面主要调查工程规模、发包范围、工程技术难度，对苗木材料规格、质量要求，对园林小品的艺术性要求以及对工人技术水平的要求等；施工场地的地形、地质、"四通一平"等情况；项目资金来源、工程款支付方式；监理工程师的职业道德、工作作风等。

（五）市场方面

投标人调查市场情况是一项艰巨任务，也是投标策略及中标后施工管理的基础工作。

主要调查内容：苗木材料、铺装材料、施工机械、燃料、动力、水和生活用品的供应情况、价格水平；劳务市场工人技术水平、工资水平、福利待遇要求等；金融市场情况。

对苗木材料的市场调查尤需详细了解，通常使用本地苗木材料，它们具有适应性强、成活率高的特点，方便养护管理。

（六）自然环境方面

投标人应充分调查园林工程所在地的地理位置、地形和地貌影响工程施工难易的程度；气温、湿度、年降水量、洪水、台风以及其他自然灾害影响苗木养护

笔记栏

难易的程度。

（七）投标人内部方面

投标人根据招标文件的要求，对本企业内部情况、资料进行归类整理，确认是否满足招标文件的要求以及本企业能否履行项目施工。

（八）竞争对手方面

掌握竞争对手情况，是投标策略的一项重要环节，是投标人参加投标能否中标的重要因素。竞争对手方面主要调查竞争对手的数量、优势、投标策略和实力等。

三、设立投标工作机构

为了在投标竞争中提高中标几率，园林施工企业必须精心挑选精干且富有经验的人员组成投标工作机构。投标工作机构应由三类人员组成：一是决策人，常由部门经理或副经理担任，也可由总经济师担任，其主要责任是对技术人员所作的投标分析进行决策。二是技术负责人，可由总工程师或工程师担任，其主要责任是制订施工方案和各种技术措施。三是投标报价人员，由经营部门的主管技术人员、预算人员负责。此外，物资供应、财务计划等部门也应积极配合，特别是在提供市场价格行情、劳务工作人员工资标准、费用开支及有关成本费用等方面应予以大力协助，必要时还可从外部聘请相关专家加入。

投标工作机构根据招标项目的要求和特点，认真研究招标文件和图纸，注意收集和积累有关资料，熟悉工程招标投标的基本程序；结合不同阶段需求，善于运用竞争策略，制订出恰当的投标报价策略，进行投标文件编制以及投标活动的组织实施等。

四、投标决策

投标人仔细阅读招标文件，结合招标文件要求，在全面分析自身资格、能力条件、招标项目需求特征和前期的调查研究后，准确作出评价和判断，并最终决定是否参与投标、如何组织投标以及采取何种投标策略。投标决策的正确与否，关系到能否中标和中标后的效益，关系到施工企业的发展前景和经济利益。投标决策主要包含以下三个层次内容：一是投标还是不投标的决策；二是确定投标后，还要确定投标性质，是要赢利还是保本；三是采用什么策略和技巧达到以长制短。

（一）影响投标决策的因素

投标人在分析掌握所有资料的前提下，对是否参加投标以及投什么性质的标

笔 记 栏

进行决策。影响投标决策的因素主要有以下两方面。

1. 企业内部因素

（1）企业经济实力　企业自有资金或融资能否满足招标文件要求的各种担保、施工需要，以及抵抗不可预见风险的能力。

（2）技术实力

1）是否具有施工专业特长人员，随时能解决技术难度大和各类工程施工中的技术难题。

2）是否有足够的技术人员参加该工程施工。

3）工人的技术水平、工种、人数能否满足该工程的要求。

4）是否具有类似工程施工经验。

5）施工机械设备是否满足工程施工要求。

（3）管理实力

1）是否有足够的、水平相当的管理人员参加工程管理。

2）是否全面掌握该项目有关情况。

3）是否关注本项目施工对企业带来的影响与机会。

（4）信誉实力　企业在业内是否有良好的信誉。

2. 外部环境因素

1）项目资金是否落实。

2）项目工期要求及交工条件是否合理。

3）竞争对手优势是否明显。

（二）投标决策类型

投标人对投标项目进行分析、充分考虑风险决定参与投标后，要决策投什么类型的标。投标按照投标性质不同可分为风险投标和保险投标；按投标效益不同可分为盈利投标和保本投标。

（1）风险投标　风险投标是指园林工程施工难度大、管理要求高、履约风险大的招标项目，且投标人在施工技术、机械设备、资金方面都有未解决的问题，但投标人为了开拓新领域或者因为工程利润丰厚而决定参加投标，同时设法解决存在的问题。

（2）保险投标　保险投标是指投标人满足园林工程从施工技术、机械设备、资金等方面的要求，有了充足预见和对策之后决定投标。

（3）盈利投标　盈利投标是指投标人的园林工程施工任务已饱和，但此工程利润丰厚，是本企业的强项，竞争对手的弱项，投标人为了扩大影响和获得丰厚利润决定投标。

笔记栏

（4）保本投标　保本投标是指投保人现已无后继工程，或已经出现部分工人闲置，为了获得工程业务，满足企业生存需要，采取保本策略投标。

（三）决策树分析法在投标决策中的应用

在园林工程招标投标过程中，用决策树分析法科学地选择投标项目和投标报价，在招标投标实际操作中具有广泛的适用性和可操作性，对园林工程投标企业降低投标成本、提高中标率，具有重要的指导意义。

1. 决策树分析法的概念

决策树分析法是一种应用概率与图论中的树对决策中的不同方案进行比较，从而获得最优方案的风险型决策方法。

决策树是以方框和圆圈为结点，并由直线连接而成的一种像树枝形状的结构，其中方框代表决策点，圆圈代表机会点。从决策点引出的每条线（枝）代表一个方案，叫做方案枝；从机会点引出的每条线（枝）代表一种自然状态及其发生概率的大小，叫作概率枝。在各树枝的末端列出状态的损益值。

笔 记 栏

2. 利用决策树进行决策的步骤

1）画一个方框作为出发点，即决策点。

2）从决策点向右引出若干条支线（树枝线），即方案枝。

3）在每个方案枝的末端画一个圆圈，即状态点。

4）估计每个方案发生的概率，并把它注明在该种方案的分支上，称为概率枝。

5）估计每个方案发生后产生的损益值，收益用正值表示，损失用负值表示。

6）计算每个方案的期望价值，期望价值 = 损益值 × 该方案的概率。

7）如果问题只需要一级决策，在概率枝末端画△表示终点，并写上各个自然状态的损益值。

8）如果是多级决策，则用决策点□代替终点△重复上述步骤，继续画出决策树。

9）计算决策期望值，决策期望值 = 由此决策而发生的所有方案期望价值之和。

10）根据决策期望值作出决策。

【例 3-1】　某承包商向某园林绿化工程施工投标，经过经济技术人员核算，计划采取两种投标策略：一种是高价标，中标机会为 0.3，不中标机会为 0.7；另一种是低价标，中标机会为 0.6，不中标机会为 0.4。编制该工程投标文件的费用为 4 万元。试根据表 3-1 的数据，用决策树分析法作出投标决策。

表 3-1 投标策略方案表

方　　案	效　　果	概　　率	可能获利润 / 万元
高价标	好	0.3	600
	中	0.5	350
	差	0.2	−100
低价标	好	0.2	450
	中	0.7	200
	差	0.1	−150

【解】

1. 高价标

机会点④：（600×0.3+350×0.5-100×0.2）万元 =335 万元。

机会点②：（335×0.3-4×0.7）万元 =97.7 万元。

2. 低价标

机会点⑤：（450×0.2+200×0.7-150×0.1）万元 =215 万元。

机会点③：（215×0.6-4×0.4）万元 =127.4 万元。

根据计算结果画出决策树，如图 3-1 所示。由图可知，最大损益期望值为 127.4 万元。若投高价标，可能最多只能赚到 97.7 万元；而若投低价标，则有可能赚到 127.4 万元，故应采取低价标策略。

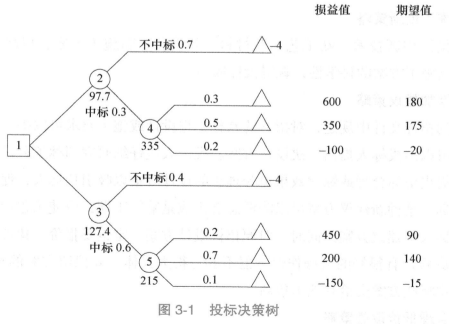

图 3-1 投标决策树

3. 决策树分析法的注意事项

决策树分析法是评价投标方案选择时的一种重要方法，在应用时应注意以下事项。

1）决策树枝尾的损益值需要根据工程造价计算的具体要求确定。

2）状态概率计算时，同一方案在不同状态下的状态概率总和为1。

3）决策树分析可以分成单阶段和多阶段，不同阶段的方案与各阶段的方形节点关联。

4）分析背景材料，按照事件逻辑关系绘制决策树图，特别是多阶段绘图需要仔细分析背景材料。

5）决策树分析与工程造价典型计算和资金时间价值分析相结合具有实际意义。在解析与资金时间价值有关的决策树分析题目时，应当绘制相应的现金流量图进行辅助分析与计算。

五、投标策略

投标策略是指投标人在合法竞争前提下，依据自身实力和条件确定的投标措施。投标策略是能否中标的关键，也是提高中标几率的基础。常见投标策略有以下几种。

1. 施工组织优胜策略

采取先进的工艺技术和机械设备，优选各种植物及其他造景材料，合理安排施工进度，选择可靠的分包单位，力求最大限度地降低工程成本，以技术与管理优势取胜。

2. 施工创新策略

尽量采用新技术、新工艺、新材料、新设备、新施工方案，以降低工程造价，提高施工方案的科学性，赢得投标成功。

3. 增加建议策略

有的招标文件中规定，对招标的园林工程设计或施工要求可以提一个建议方案，即可以由投标人提出二次设计方案。投标人应仔细研究园林工程设计和施工要求，提出更为合理或绿化效果更为理想的设计方案以吸引招标人，促进自己的方案中标。这种新建议方案可以降低总造价或是缩短工期，或使工程运用更为合理。投标人提建议方案的同时，对原招标设计方案一定也要报价。建议方案一定要比较成熟，有很好的可操作性，但不要写得太具体，要保留方案的技术关键，防止业主将此方案交给其他承包商。

4. 合理低价取胜策略

投标报价是投标策略的关键，可以采用一定的技巧，使招标人可以接受，而投标人中标后又能获得较多利润。

5. 质量信誉取胜策略

投标人的质量信誉在投标竞争中起着重要作用。质量信誉良好，获得评标专家和招标人的认同，无疑会提高中标的几率。

六、准备相关资料

1. 准备资格预审资料

如果招标项目要求资格预审，那么投标人应当按照招标人的要求认真编制并提交资格预审资料。

2. 准备投标担保

一般情况下，招标人要求投标人缴纳投标保证金或出具投标保函。为减少占压流动资金，一般投标人都是采取出具投标保函的方式提供投标担保。投标保函主要保证投标人在提交投标文件后不得撤销投标文件，中标后不得无正当理由不与招标人订立合同，在签订合同时不得向招标人提出附加条件，或者不按照招标文件要求提交履约担保，否则，招标人有权不予退还其提交的投标担保。

【任务实施】

一、设立投标工作机构

为了在投标竞争中获胜，设立投标工作机构。

二、阅读和理解招标文件的全部内容

拿到招标文件后，投标人应及时组织投标工作机构人员认真阅读招标文件。阅读时要注意以下几个方面。

1. 通过阅读招标文件，全面理解各项实质性要求

招标文件是工程招标投标过程中对招标投标双方都具有约束力的法律文件，招标人对招标工程和投标人的要求完全体现在招标文件中。因此，投标人在编制投标文件前，必须从头到尾认真阅读招标文件，不放过任何一个细节和疑问，对重要的段落要反复研读，加深理解，并标注重点线；同时应认真审查招标项目的施工图，核对工程量清单。投标人对招标文件的领会要注意以下内容。

① 招标文件里披露的内容、准入条件、资格、资质、履约能力、可靠性、经验、信誉、财力资源、设备和其他物质设施、管理能力等，围绕条件逐一对照，判断是否具备投标优势。

② 对投标文件要求部分，尤其是投标文件的组成和格式。

③ 投标保证金应特别注意，是否要求从投标人所在地企业基本账户汇出，汇出的金额、币种，投标保证金汇达账户和汇达截止时间。

④ 投标文件提交方式、地点及投标截止时间、是电子还是纸质招投标。

⑤ 投标文件的份数、装订、包封、密封和标志的规定，签字要求，电子投标的相关要求。

⑥ 评标方法和标准。

⑦ 招标答疑的时间及方式。

2. 注意"投标人须知"及"投标人须知前附表"的规定

"投标人须知"及"投标人须知前附表"是招标人提醒投标人在投标文件中务必全面、正确回答的具体注意事项的书面说明，因此，投标人必须反复阅读和理解，直至完全明白；否则，稍有不慎或内容理解错误，都有可能导致投标失败。

3. 研究图纸和合同内容

① 研究工程图纸的综合说明，以对工程作整体性的了解。

② 熟悉并详细研究设计图纸和技术说明书，使制订施工方案和报价有明确的依据；对不清楚或矛盾之处，要请招标单位解释澄清。

③ 研究合同的主要条款，明确中标后应承担的义务、责任及应享有的权利。包括承包方式，开工和竣工时间及提前或推后交工期限的奖罚，材料供应及价款结算办法，预付款的支付和工程款结算办法，工程变更及停工、窝工等造成的损失处理办法等。

4. 及时提出招标答疑书面函件

一般招标文件规定的答疑时间很短，所以投标人在研读招标文件时找出的所有问题及疑问，应尽快列出问题清单，并按照招标文件规定的提交方式向招标人提交（书面或电子）。招标人将会在规定的时间内对各投标人提出的问题和疑问作出书面澄清复函，发给所有投标人。

5. 明确招标要求

在投标文件中要明确并积极响应招标文件的各项实质性要求，尽量避免出现与招标要求不相符合的情况。

三、调查投标环境

投标环境指招标工程项目施工的自然、经济和社会条件。投标环境直接影响工程成本，因而要熟悉掌握投标市场环境，才能做到心中有数。

投标环境的主要内容包括：项目的地理位置；地上、地下障碍物种类、数量及位置；土壤情况（质地、含水量、pH 值等）；气象情况（年降雨量、年最高温度、最低温度、霜降日数及灾害性天气预报的历史资料等）；地下水位；冰冻线深度及地震烈度；现场交通状况（铁路、公路、水路）；给水排水、供电及通信设施；材料堆放场地的选择及最大可能容量；绿化材料苗木采购的品种及数量、途径；劳动力来源和工资水平、生活用品的供应途径等。

四、制订施工组织设计（施工方案）

施工组织设计是招标单位评价投标单位水平的重要依据，也是投标单位实施工程的依据，应由投标单位的技术负责人编制，内容包括以下几个部分。

1）施工的总体部署和场地总平面布置。

2）施工总进度计划和分部分项工程进度计划（要有横道图或网络计划图）。

3）质量目标。

4）主要施工方法。

5）主要施工机械数量及配置。

6）劳动力来源及配置。

7）主要材料品种的规格、需用量、来源及分批进场的时间安排。

8）大宗材料和大型机械设备的运输方式。

9）现场水电用量、来源及供水、供电设施。

10）临时设施数量及标准。

11）特殊构件的特定要求与解决的方法。

五、报价准备

报价是投标全过程的核心工作，对能否中标、能否赢利、赢利多少起决定性作用。要做出科学有效的报价，必须完成以下工作。

1）看图了解工程内容、工期要求、技术要求。

2）熟悉工程量清单，核算工程量。

3）根据造价部门统一制定的概（预）算定额及市场行情进行投标报价。如大型园林施工企业有自己的企业定额，则可以以此为依据自主报价。

4）确定现场经费、间接费用和预期利润率，留有一定的伸缩余地。

六、准备相关资料

按照"投标人须知"及"投标人须知前附表"的规定准备相关材料，确保准确。

笔 记 栏

【任务考核】

园林工程投标准备工作考核见表3-2。

表 3-2   园林工程投标准备工作考核表

序号	考 核 项 目	评 分 标 准	配分	得分	备 注
1	设立投标机构	机构人员配置合理	10		
2	理解招标文件要求	招标文件理解全面、正确	10		
3	识读图纸	全面掌握图纸内容及施工重、难点	10		
4	研究合同	明确甲乙双方义务、责任及应享有的权利	15		
5	调查投标环境	掌握投标市场环境	10		
6	制订施工组织设计	按照招标文件及现场施工的要求，编制针对性强、可行性强的施工组织设计	15		
7	投标报价准备	针对招标工程具体情况，采取合理的投标策略	20		
8	准备相关资料	资料准备齐全、规范	10		
总分			100		

实训指导教师签字：   年   月   日

【巩固练习】

某园林绿化工程有限公司近期在建工程饱满，受企业资源条件的限制，现有甲、乙两个工程项目，只能选择其中一项工程投标或者这两项工程均不参加投标。经过经济技术人员核算，甲项目估算工程造价1200万元，工程投高价标的中标概率为0.4，投低价标的中标概率为0.6，编制该工程投标文件的费用为5万元；乙项目估算工程造价1800万元，工程投高价标的中标概率为0.3，投低价标的中标概率为0.7，编制该工程投标文件的费用为7万元。甲、乙两项目各方案承包的效果、概率、损益值见表3-3。

请用决策树分析法为某园林绿化工程有限公司给出投标决策。

笔 记 栏

表 3-3 甲、乙两项目各方案承包的效果、概率、损益值

方 案	效 果	概 率	损益值 / 万元
甲项目投高价标	好	0.3	200
	中	0.5	140
	差	0.2	80
甲项目投低价标	好	0.2	150
	中	0.7	90
	差	0.1	−10
乙项目投高价标	好	0.4	320
	中	0.5	210
	差	0.1	0
乙项目投低价标	好	0.2	260
	中	0.5	200
	差	0.3	70
不投标		1.0	0

笔 记 栏

任务二 园林工程商务标编制

【任务描述】

某市政府投资建设的街道，景观绿化工程采用工程量清单招标，清单与计价表见表 3-4。工程所在地的计价依据规定，文明施工和环境保护费以分部分项工程费中的人工费与机械费之和为计算基础；安全施工措施费（费率 1.71%）以分部分项工程费、措施项目费、其他项目费、规费四项之和为计算基础；税金 10%。招标文件中载明，土石方工程先进行施工，土石方工程完毕后再施工绿化工程。该工程暂列金额 30000 元，材料暂估价 12000 元，计日工费用 3000 元。

表 3-4 分部分项工程和单价措施项目清单与计价表

工程名称：××街道景观绿化工程

序号	项 目 编 码	项 目 名 称	项 目 特 征 描 述	计量单位	工程量	金额 / 元 综合单价	合价	其中人工费 + 机械费
土石方工程								
1	040104003002	挖基础土方	1. 三类土 2. 挖土深度 1.5m 3. 机械开挖	m³	2458			
2	040103002003	土方回填、夯实	黏土回填、夯实	m³	1396			

（续）

序号	项目编码	项目名称	项目特征描述	计量单位	工程量	金额/元		
						综合单价	合价	其中人工费+机械费
绿化工程								
1	050102001017	栽植乔木	1.种类：银杏 2.胸径：8~10cm 3.株高：5~6m 4.起挖方式：带土球 5.养护期：3年	株	108			
2	050102001059	栽植乔木	1.种类：柿树 2.胸径：12~15cm 3.株高：6~7m 4.起挖方式：带土球 5.养护期：3年	株	152			
3	050102001060	栽植乔木	1.种类：金叶国槐 2.胸径：12~15cm 3.株高：6~7m 4.起挖方式：带土球 5.养护期：3年	株	190			
4	050403001006	树木支撑三脚桩（暂定量）		株	450			
本页小计								
合　计								

任务点

1. 填写土石方工程量清单综合单价分析表。

2. 投标人通过施工图纸和现场勘查，在保证投标总价不变的情况下，有以下两个清单项目要采用投标报价技巧。

① 绿化工程银杏实际发生工程量比招标清单工程量多。

② 绿化工程柿树在当地越冬困难，在施工时可能要更换树种。

根据以上调查研究的材料，请指出投标人投标报价时需要的技巧。

3. 投标人仔细核算成本和研究投标报价策略，造价工程师完成投标报价。其中分部分项工程和单价措施项目清单与计价表见表3-5。根据当地工程计价依据，规费报零。根据表3-5和招标文件的规定编制总价措施项目清单与计价表、其他项目清单与计价汇总表、安全施工措施费、规费和税金表、单位工程投标报价汇总表。

4. 根据招标文件中土方施工的要求，请提出投标报价策略。

表 3-5 分部分项工程和单价措施项目清单与计价表

工程名称：××街道景观绿化工程

序号	项目编码	项目名称	项目特征描述	计量单位	工程量	金额/元		
						综合单价	合价	其中人工费+机械费
土石方工程								
1	040104003002	挖基础土方	1.三类土 2.挖土深度 1.5m 3.机械开挖	m³	2458	6.73	16542.34	14256.40
2	040103002003	土方回填、夯实	黏土回填、夯实	m³	1396	7.08	9883.68	9603.79
绿化工程								
1	050102001017	栽植乔木	1.种类：银杏 2.胸径：8～10cm 3.株高：5～6m 4.起挖方式：带土球 5.养护期：3年	株	324	956.69	309967.556	16689.24
2	050102001059	栽植乔木	1.种类：柿树 2.胸径：12～15cm 3.株高：6～7m 4.起挖方式：带土球 5.养护期：3年	株	456	1023.74	466825.44	51035.52
3	050102001060	栽植乔木	1.种类：金叶国槐 2.胸径：12～15cm 3.株高：6～7m 4.起挖方式：带土球 5.养护期：3年	株	570	1623.74	925531.8	63794.4
4	050403001006	树木支撑三脚桩		株	1350	28.41	38353.50	9004.5
合　　计							1767104.32	164383.85

【任务分析】

在园林工程投标中，工程投标报价决定着企业的经济效益最大化，即其利益所在，因此各投标企业对工程的投标报价非常重视。为了中标，企业投标时要认真研究报价策略。选择合适的报价策略，有利于提高中标几率，并在中标后取得最大化的利润。

【知识准备】

商务标有时又称经济标，主要包括投标函及投标函附录、法定代表人身份证明、授权委托书、投标人有关的资格证明文件、已标价工程量清单（投标报价

笔记栏

商务标编
制内容

书）等。《标准施工招标文件》中对商务标投标格式的规定如下。

一、投标函及投标函附录

（一）投标函

投 标 函

（招标人名称）：

1. 我方已仔细研究了_____（项目名称）招标文件的全部内容，愿意以人民币￥_____（大写_____）的投标总报价，工期_____日历天，按合同约定实施和完成承包工程，修补工程中的任何缺陷，工程质量达到_____。

2. 我方承诺在招标文件规定的投标有效期内不修改、撤销投标文件。

3. 随同本投标函提交投标保证金一份，金额为人民币￥_____（大写_____）。

4. 如我方中标：

（1）我方承诺在收到中标通知书后，在中标通知书规定的期限内与你方签订合同。

（2）随同本投标函提交的投标函附录属于合同文件的组成部分。

（3）我方承诺按照招标文件规定向你方提交履约保证金。

（4）我方承诺在合同约定的期限内完成并移交全部合同工程。

5. 我方在此声明，所提交的投标文件及有关资料内容完整、真实和准确，且不存在"投标人须知"第 1.4.2 项和第 1.4.3 项规定的任何一种情形。

6. （其他补充说明）。

投标人：（盖单位公章）

法定代表人或其委托代理人：（签字）

地址：

网址：

电话：

传真：

邮政编码：

年   月   日

笔记栏

（二）投标函附录（表 3-6）

表 3-6　投标函附录

序号	条款名称	合同条款号	约定内容	备注
1	项目经理	1.1.2.4	姓名：	
2	工期	1.1.4.3	天数：　　日历天	
3	缺陷责任期	1.1.4.5		

二、法定代表人身份证明

投标人名称：

单位性质：

地址：

成立时间：　　　年　　月　　日

经营期限：

姓名：　　　性别：　　　年龄：　　　职务：

系_____（投标人名称）的法定代表人。

特此证明。

投标人：（盖单位公章）

年　　月　　日

三、授权委托书

本人_____（姓名）系_____（投标人名称）的法定代表人，现委托_____（姓名）为我方代理人。代理人根据授权，以我方名义签署、澄清、说明、补正、提交、撤回、修改_____（项目名称）投标文件，签订合同和处理有关事宜，其法律后果由我方承担。

委托期限：_____。

代理人无转委托权。

附：法定代表人身份证明

投标人：（盖单位公章）

法定代表人：（签字）

身份证号码：

委托代理人：（签字）

身份证号码：

　　　　　　　　　　　　　　　　年　　月　　日

四、投标保证金（投标保函）

笔 记 栏

_____（招标人名称）：

　　鉴于_____（投标人名称）（以下称"投标人"）于_____年____月____日参加_____（项目名称）的投标，_____（担保人名称，以下简称"我方"）保证：投标人在规定的投标文件有效期内撤销或修改其投标文件的，或者投标人在收到中标通知书后无正当理由拒签合同或拒交规定履约担保的，我方承担保证责任。收到你方书面通知后，在 7 日内向你方支付人民币￥_____（大写_____）。

　　本保函在投标有效期内保持有效。要求我方承担保证责任的通知应在投标有效期内送达我方。

担保人名称：（盖单位公章）

法定代表人或其委托代理人：（签字）

地址：

邮政编码：

电话：

传真：

　　　　　　　　　　　　　　　　年　　月　　日

五、资格审查资料

1. 投标人基本情况表（表 3-7）

表 3-7　投标人基本情况表

投标人名称							
注册地址				邮政编码			
联系方式	联系人			电话			
	传真			网址			
组织结构							
法定代表人	姓名		技术职称			电话	
技术负责人	姓名		技术职称			电话	
成立时间		员工总人数：					
企业资质等级		其中	项目经理				
营业执照号			高级职称人员				
注册资金			中级职称人员				
开户银行			初级职称人员				
账号			技工				
经营范围							
备注							

2. 近年财务状况表（表 3-8）

表 3-8　近年财务状况表

项目和指标	单　位	近　三　年		
注册资金	万元			
净资产	万元			
总资产	万元			
固定资产	万元			
流动资产	万元			
流动负债	万元			

笔记栏

（续）

项目和指标		单　位	近　三　年		
负债合计		万元			
营业收入		万元			
净利润		万元			
现金流量净额		万元			
主要财务指标	净资产收益率	%			
	总资产报酬	%			
	主要业务利润率	%			
	资产负债率	%			
	流动比率	%			
	速动比率	%			

注：本表后应附近三年经会计师事务所或审计机构审计的财务会计报表，包括资产负债表、利润表和财务情况说明书的复印件。

3. 近年完成的类似项目情况表（表 3-9）

表 3-9　近年完成的类似项目情况表

项目名称	
项目所在地	
发包人名称	
发包人地址	
发包人电话	
合同价格	
开工日期	
竣工日期	
承担的工作	
工程质量	
项目经理	
技术负责人	
项目描述	
备注	

4. 正在实施的和新承接的项目情况表（表 3-10）

表 3-10　正在实施的和新承接的项目情况表

项目名称	
项目所在地	
发包人名称	
发包人地址	
发包人电话	
签约合同价	
开工日期	
计划竣工日期	
承担的工作	
工程质量	
项目经理	
技术负责人	
项目描述	
备注	

六、投标报价书

1. 投标报价前的准备工作

在进行工程投标报价之前，要充分了解和熟悉招标文件的内容，对合同中的各项条款都能做到正确理解。特别要注意的是，工程承包方的责任与承包方式、付款方式、技术要求以及工程工期和评标等相关内容在招标文件中要详细体现出来，以便了解业主的意向，同时也为接下来编制报价、风险评估以及投标策略等工作打好基础。

2. 投标报价的依据

1）招标文件及招标人书面答复的有关资料。

2）招标人提供的设计图纸及有关的技术说明书等。

3）招标人提供的工程量清单。

笔 记 栏

4）本工程拟订的施工组织设计。

5）企业定额、类似工程的成本核算资料。

6）建设工程相关的技术标准、规范等资料。

7）其他与报价有关的各项政策、规定及调整系数等。

在投标报价的计算过程中，对于不可预见费用的计算必须慎重考虑，不要遗漏。

3. 投标报价原则

1）投标报价由投标人自己确定，但是必须执行《建设工程工程量清单计价规范》（GB 50500—2013）的强制性规定。

2）投标人的投标报价不得低于工程成本。

3）投标人必须按工程量清单填报价格。

4）投标报价要以招标文件中设定的承发包双方责任划分，作为设定投标报价费用项目和费用计算的基础。发承包双方的责任划分不同，会导致合同风险不同的分摊，从而导致投标人选择不同的报价。

5）应该以施工方案、技术措施等作为投标报价计算的基本条件。

6）报价方法要科学严谨、简明适用。

4. 投标报价程序

做好投标报价工作，需要对招标文件要求、工程设计图纸、技术规范、工程量清单、施工组织设计等有一个全面而完整的理解，这就要按照如下投标报价程序来进行。

（1）对工程项目进行调研

分析招标文件及投标须知，对工程项目进行调查与现场考察；对工程规模、工程性质、建设单位的资金来源和支付能力、施工期限、施工地的自然经济社会条件等进行仔细的调查分析。

（2）制订报价策略

结合工程项目特点和前期对项目的调查研究，制订投标报价策略。

（3）复核工程量清单

复核工程量清单的工程量和项目特征描述，为投标报价技巧和工程索赔做好准备。

投标人在结合施工图纸计算施工工程量、根据施工技术规范确定施工方案时，必须对清单工程量和工程量清单描述的项目特征进行复核。工程量清单是招标文件的重要组成部分，它既是投标报价的依据，也是最终结算及支付的依据，所以投标人必须结合施工图对工程量清单中的工程量进行分析，准确把握清单每一项的内容和范围，为下一步不平衡报价及工程索赔做好基础工作。

（4）编制施工组织设计及施工方案

施工组织设计及施工方案是招标人评标时考虑的主要因素之一，也是投标人准确报价的重要依据。施工组织设计考虑的施工方法、施工机械设备及劳动力的配置、施工进度、质量保证措施、安全文明措施及工期保证措施等与工程成本和报价有着密切关系。采用先进科学的施工方法，充分有效地利用机械设备和劳动力，安排合理的工期，可以降低成本。

（5）询价报价及建立企业定额

投标人建立价格信息系统，积累一部分人工、材料、机械台班实际价格的资料。此外，让绿化工程植物材料供应商以及木材、石材等各专业供应商分别进行报价并草签协议，汇总这些价格并综合考虑管理费用、利润、税金等，再计算最后的报价。同时，投标人根据自身技术、设备、管理、施工方案等实际情况，建立一套体现本企业先进性的内部定额，这个定额对外可作为投标报价的依据，对内可作为编制施工组织、内部核算的依据。企业定额是本企业已完工程数据的积累和提炼，充分体现企业生产、经营、管理水平，也是企业竞争力、企业文化的重要组成部分。

（6）计算投标成本价

成本核算是投标报价的基础，也是最重要的一环。首先，必须对招标文件进行深入的研究，仔细阅读工程量清单、图纸和技术规范，并检查复核。其次，根据图纸，结合施工方案及施工组织设计和本企业以往施工积累的经验，计算出园林工程全部的人工、材料、机械消耗量，乘以它们的成本单价。成本单价越低，成本就越低，在投标中就越占主动。然后，慎重计取其他费用，不同企业管理水平不同，管理好，支出费用就少；反之则多。这需要根据企业以往积累的经验来计算，同时还要考虑通货膨胀、物价上涨等不可预见因素。

（7）根据投标策略进行盈亏分析

初步计算的报价经过上述几方面进一步的分析后，可能需要对某些分项的单价作出必要的调整，然后形成基础标价；再经盈亏分析，供投标报价决策时选择。盈亏分析包括盈余分析和亏损分析两个方面。

1）报价的盈余分析。盈余分析是从报价组成的各个方面挖掘潜力、节约开支，计算出基础标价可能降低的数额，即所谓"挖潜盈余"，进而算出低标价。盈余分析可从下列几个方面进行。

① 定额和效率。即工料、机械台班消耗定额以及人工、机械效率分析。

② 价格分析。即对劳务价格、材料设备价格、施工机械台班（时）价格三

方面进行分析。

③ 费用分析。即对管理费、临时设施费、开办费等方面逐项分析，重新核实，确认有无潜力可以挖掘。

④ 其他方面。如保证金、保险费、贷款利息、维修费等方面均可逐项复核，找出有潜力可挖之处。

经过上述分析，最后得出总的估计盈余总额，但应考虑到挖潜不可能百分之百实现，故尚需乘以一定的修正系数（一般取 0.5 ~ 0.7），据此求出可能的低标价，即：低标价 = 基础标价 - 挖潜盈余 × 修正系数。

2）报价的亏损分析。亏损分析是针对报价编制过程中，因对未来施工过程中可能出现的不利因素估计不足而引起的费用增加的分析，以及对未来施工过程中可能出现的质量问题和施工延期等因素而带来的损失的预测。亏损分析主要可从以下几个方面进行：工资；材料、设备价格；质量问题；做价失误；因不熟悉当地法规、手续所产生的罚款等；自然条件；因管理不善造成质量、工作效率等问题；建设单位、监理工程师方面的问题；管理费失控。

笔记栏

以上分析估计出的亏损额，同样乘以修正系数 0.5 ~ 0.7，并据此求出可能的高标价，即：高标价 = 基础标价 + 估计亏损 × 修正系数。必须注意的是，在亏损分析中，有若干因素有时可能不易与不可预见费中的某些因素划分清楚，考虑时切勿重复或漏项，以免影响报价的高低。

（8）最终审核报价，争取中标

投标报价汇总后，审核本项目管理费、利润的收取比例是否合理，不可预见的比例是否合理，计划投标的总价和可降价幅度是否满足投标策略。

5. 投标报价的编制方法和内容

投标报价编制时，应首先根据招标人提供的工程量清单编制分项工程和措施项目计价表、其他项目计价表、规费、税金项目计价表，计算完毕之后，汇总得到单位工程投标报价汇总表，再层层汇总，分别得出单项工程投标报价表和工程项目投标总价汇总表，投价总价的组成如图 3-2 所示。在编制过程中，投标人应按招标人提供的工程清单填报价格，填写的项目编码、项目名称、项目特征、计量单位、工程量必须与招标人的一致。

（1）分部分项工程费的编制　投标人投标中的分部分项工程费和以单价计算的措施项目费，应按招标文件中分部分项工程和单价措施项目清单与计价表的特征描述确定综合单价计算。因此，确定综合单价是分部分项工程和单价措施项目清单与计价表编制过程中最主要的内容。综合单价包括完成一个规定项目所需的人工费、材料和工程设备费、施工机具使用费、企业管理费、利润，并考虑风险费用的分摊，其计算公式见式（3-1）。

综合单价 = 人工费 + 材料和工程设备费 + 施工机具使用费 +

企业管理费 + 利润 　　　　　　　　　　　　　　（3-1）

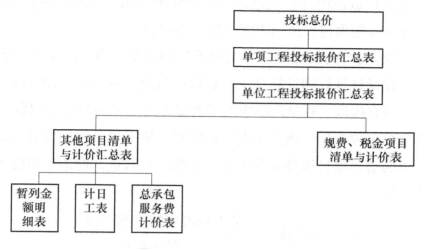

图 3-2　投价总价的组成

1）确定综合单价时的注意事项。

① 以项目特征描述为依据。项目特征是确定综合单价的重要依据之一，投标人投标报价时应依据招标文件中清单项目的描述确定综合单价。在招标投标过程中，当出现招标工程量清单特征描述与设计图纸不符时，投标人应以招标工程量清单的项目特征描述为准，确定投标报价的综合单价。当施工中施工图纸或设计变更与招标工程量清单项目特征描述不一致时，发承包双方应按实际施工的项目特征，依据合同约定重新确定综合单价。

② 材料、工程设备暂估价的处理。招标文件的其他项目清单中提供了暂估单价的材料和工程设备，应按其暂估的单价计入清单项目的综合单价中。

③ 考虑合理的风险。招标文件中要求投标人承担的风险费用，投标人应考虑计入综合单价。在施工过程中，当出现的风险内容及其范围（幅度）在招标文件规定的范围（幅度）内时，综合单价不得变动，合同价款不作调整。

2）综合单价确定的步骤和方法。

① 确定计算基础。计算基础主要包括消耗量指标和生产要素单价。投标人应根据本企业的实际消耗量水平，并结合拟订的施工方案确定完成清单项目需要消耗的各种人工、材料、机械台班的数量。计算时应采用企业定额；在没有企业定额或企业定额缺项时，可参照与企业实际水平相近的国家、地区、行业定额，并通过调整来确定清单项目的人、材、机单位用量。各种人工、材料、机械台班的单价，则应根据询价的结果和市场行情综合确定。

② 分析每一清单项目的工程内容。在招标文件提供的工程量清单中，招标人已对项目特征进行了准确、详细的描述。投标人根据这一描述，再结合施工现场情况和拟订的施工方案确定完成各清单项目实际发生的工程内容，必要时可参照《建设工程工程量清单计价规范》（GB 50500—2013）中提供的工程内容；有些特殊的工程也可能出现规范列表之外的工程内容。

③ 计算工程内容的工程数量与清单单位的含量。每一项工程内容都应根据所选定额的工程量计算规则计算其工程数量；当定额的工程量计算规则与清单规则相一致时，可直接以工程量清单中的工程量作为工程内容的工程数量。

当采用清单单位含量计算人工费、材料费、施工机具使用费时，还需要计算每一计量单位的清单项目所分摊的工程内容的工程数量，即清单单位含量，其计算公式见式（3-2）。

$$清单单位含量 = \frac{某工程内容的定额工程量}{清单工程量} \tag{3-2}$$

④ 计算分部分项工程人工、材料、机械费用。以完成每一计量单位清单项目所需的人工、材料、机械用量为基础计算，见式（3-3）和式（3-4）。

$$清单单位含量 = 某工程内容的定额工程量 \tag{3-3}$$

$$\begin{matrix}每一计量单位清单项目 \\ 某种资源的使用量\end{matrix} = \begin{matrix}该种资源的 \\ 定额单位用量\end{matrix} \times \begin{matrix}相应定额条目的 \\ 清单单位含量\end{matrix} \tag{3-4}$$

再根据预先确定的各种生产要素的单位价格，计算出每一计量单位清单项目的分部分项工程的人工费、材料费与施工机具使用费，见式（3-5）~式（3-7）。

$$人工费 = \begin{matrix}完成单位清单项目 \\ 所需人工的工日数量\end{matrix} \times 人工工日单价 \tag{3-5}$$

$$材料费 = \sum \begin{matrix}完成单位清单项目所需 \\ 各种材料、半成品的数量\end{matrix} \times 各种材料、半成品单价 \tag{3-6}$$

$$施工机具使用费 = \sum (施工机械台班消耗量 \times 机械台班单价) \tag{3-7}$$

⑤ 计算综合单价。企业管理费和利润的计算按人工费、施工机具使用费之和乘以一定的费率计算，见式（3-8）和式（3-9）。

$$企业管理费 = (人工费 + 施工机具使用费) \times 企业管理费费率(\%) \tag{3-8}$$

$$利润 = (人工费 + 施工机具使用费) \times 利润率(\%) \tag{3-9}$$

将上述五项费用汇总，并考虑合理的风险费用后，即可得到清单综合单价。

（2）措施项目费报价　措施项目费应依据招标人提供的措施项目清单和投标人投标时拟订的施工组织设计或施工方案，由投标人自主确定，按照清单计价规范要求，利用相应的取费基数和相应的费率进行计算。但其中安全文明施工费必须按照国家或省级、行业建设主管部门的规定计价，不得作为竞争性费用。招标人不得要求投标人对该项费用进行优惠，投标人也不得将该项费用参与市场竞争。

（3）其他项目费报价 投标人对其他项目费投标报价时应遵循以下原则。

1）暂列金额应按照招标人提供的其他项目清单中列出的金额填写，不得变动。

2）暂估价不得变动和更改。暂估价中的材料、工程设备暂估价必须按照招标人提供的暂估单价计入清单项目的综合单价；专业工程暂估价必须按照招标人提供的其他项目清单中列出的金额填写。材料、工程设备暂估单价和专业工程暂估价均由招标人提供，为暂估价格。在工程实施过程中，对于不同类型的材料与专业工程，采用不同的计价方法。

3）计日工应按照招标人提供的其他项目清单列出的项目和估算的数量，自主确定各项综合单价并计算费用。

4）总承包服务费应根据招标人在招标文件中列出的分包专业工程内容和供应材料、设备情况，按照招标人提出的协调、配合与服务要求和施工现场管理需要自主确定。

📝 笔 记 栏

（4）规费和税金报价 规费和税金应按国家或省级、行业建设主管部门的规定及招标文件的有关要求计算，不得作为竞争性费用。这是由于规费和税金的计取标准是依据有关法律、法规和政策规定制定的，具有强制性。

6.投标报价技巧

投标报价技巧的作用体现在可以使实力较强的投标单位取得满意的投标成果；使实力一般的投标单位争得投标报价的主动地位；当报价出现某些失误时，可以得到某些弥补。因此，投标企业必须十分重视对投标报价技巧的应用。

投标报价技巧

（1）不平衡报价法 近年来，园林工程的竞争非常激烈，合理低价竞标是理性取得中标资格的唯一途径。因此，如何应用报价技巧和风险防范的对策，实现科学理性的报价是投标人中标的关键因素之一。不平衡报价法在工程项目投标报价中运用得比较普遍。

不平衡报价法也叫前重后轻法。不平衡报价指的是一个项目的投标报价，在总价基本确定后，如何调整项目内部各个部分的报价，以期望在不提高总价的条件下，既不影响中标，又能在结算时得到更理想的经济效益。一般可以在以下几个方面考虑采用不平衡报价法。

1）前期施工项目可报高价。如土方工程、混凝土、砌体、铺装等，大多在前期施工中能早日回收工程款，而在后期施工项目中报价可适当低一些，同时可以解决资金回笼问题。

2）投标企业通过施工图纸和现场勘查，与提供的工程量清单进行对比分析，预计工程量会增加的项目，单价适当提高，这样在最终结算时可增加工程造价。将工程量可能减少的项目单价降低，可减小工程结算时的损失。

3）了解可能会产生设计变更的项目，要报低价。

4）设计图纸不明确，根据经验估计会增加的项目和暂定项目，估计自己能承包的项目可报高一些，对概念含糊，将来可能发生争议的项目和暂定项目，估计自己将受到专业限制不能承接的项目可报低一点。

5）园林工程大多使用固定单价和工程量可调的合同，对工程量可能增加的项目，调高价。

6）苗木报价。乡土植物及特色品种报高价，外地引进植物树种宜低价，因为外地引进植物变更的可能性较大。

虽然运用技巧可以降低风险，取得中标或能争取利益的效果，但投标报价时必须认真核对施工图纸，复核工程量清单，特别是对报低单价的项目，若实际工程量增加，将会造成巨大的经济损失。因此，报低单价也要控制在合理的幅度内（正常综合单价的 5% 以内）。

（2）多方案报价法　对一些招标文件，如果发现工程范围不是很明确，条款不清楚或很不公正，或技术规范要求过于苛刻，要在充分估计投标风险的基础上，按多方案报价法处理。多方案报价法是指按原招标文件报一个价，然后再提出"如某条款（如某规范规定）作某些变动，价可降低……"，报一个较低的价，这样可以降低总价，吸引招标人。此外，还可以对某部分工程提出按"成本补偿合同"方式处理，其余部分报一个总价。多方案报价法只适用于招标文件允许多方案报价的情况。

（3）突然降价法　投标报价是一件保密性很强的工作，但是对手往往通过各种渠道、手段来刺探情况，因此在报价时可以按一般情况报价或表现出自己对该工程兴趣不大，到投标快截止时，再突然降价。采用这种方法时，投标人一定要在准备投标报价的过程中考虑好降价的幅度，在临近投标截止日期前，根据情报信息与分析判断，再作最后决策。

【任务实施】

1. 填写工程量清单综合单价分析表（见表 3-11）

2. "任务描述"中投标人投标报价时需要的技巧

投标人投标报价时应采取不平衡报价法。

表3-11　工程量清单综合单价分析表

工程名称：××街道景观绿化工程　　标段：　　　　　　　　　　第1页，共1页

项目编码	040104003002	项目名称	挖基础土方	计量单位	m³	工程量	1.000

清单综合单价组成明细

定额编号	定额项目名称	定额单位	数量	单价/元					合价/元				
				人工费	材料费	机械费	管理费利利润	风险费	人工费	材料费	机械费	管理费利利润	风险费
	挖掘机挖土	m³	1.141	1.07		2.33	0.54	0.00	1.22		2.66	0.62	0.00
	自卸汽车运土	m³	0.459	0.22		3.97	0.67	0.00	0.10		1.82	0.31	0.00
人工单价			小计						1.32		4.48	0.93	0
85元/工日			未计价材料费							0			
合计工日：			清单项目综合单价							6.73			

材料费明细	主要材料名称、规格、型号	单位	数量	单价/元	合价/元	暂估单价/元	暂估合价/元
	其他材料费						
	材料费小计						

注：1. 挖掘机挖土：工程数量=（2803.8/2458）m³=1.141m³，管理费和利润=（1.07+2.33）×（8.5%+7.5%）元/m³=0.54元/m³。

2. 自卸汽车运土方：工程数量=（1128.8/2458）m³=0.459m³，管理费和利润=（0.22+3.97）×（8.5%+7.5%）元/m³=0.67元/m³。

1）银杏工程量预计会增加，单价应适当提高，这样在最终结算时可增加工程造价。

2）柿树可能会产生植物变更，单价应适当降低，这样在最终结算时工程造价不会损失太大。

3. 计算投标工程造价汇总表

（1）总价措施项目清单与计价表（表 3-12）

表 3-12　总价措施项目清单与计价表

工程名称：××街道景观绿化工程

序号	项目编码	项目名称	计算基础	费率（%）	金额/元
一般措施项目费（不含安全施工措施费）					2137.00
1	041109001001	文明施工和环境保护费	人工费预算价＋机械费预算价	0.65	1068.50
2	041109004001	雨季施工费	人工费预算价＋机械费预算价	0.65	1068.50
其他措施项目费					
3	041109002001	夜间施工增加费和白天施工需要照明费			
4	041109003001	二次搬运费			
5	041109004003	冬季施工费		0	
6	041109005001	市政工程（含园林绿化工程）施工干扰费		0	
7	041109007001	已完工程及设备保护费			
合计					

编制人（造价人员）：

（2）其他项目清单与计价汇总表（表 3-13）

表 3-13　其他项目清单与计价汇总表

工程名称：××街道景观绿化工程

序号	项目名称	金额/元	结算金额/元
1	暂列金额	30000	
2	暂估价		
2.1	材料（工程设备）暂估价	12000	
2.2	专业工程暂估价		
3	计日工	3000	

笔记栏

（续）

序号	项 目 名 称	金额/元	结算金额/元
4	总承包服务费	0	
5	工程担保费		
合计		45000	

（3）安全施工措施费（费率 1.71%）　以分部分项工程费、措施项目费、其他项目费、规费四项之和为计算基础，安全施工措施费＝（1767104.32+2137.00+45000+0）元 ×1.71% ＝ 31023.53 元。

（4）规费和税金表（表 3-14）

表 3-14　规费和税金表

工程名称：××街道景观绿化工程

序号	项 目 名 称	计 算 基 础	计算基数	计算费率（%）	金额/元
1	规费	社会保障费＋住房公积金＋工程排污费＋其他＋工伤保险			
1.1	社会保障费	人工费预算价＋机械费预算价		0	
1.2	住房公积金	人工费预算价＋机械费预算价		0	
1.3	工程排污费				
1.4	其他				
1.5	工伤保险				
2	税金	税前工程造价合计	1845264.85	10	184526.49
合计					184526.49

编制人（造价人员）：　　　　　　　　　　　　复核人（造价工程师）：

（5）单位工程投标报价汇总表（表 3-15）

表 3-15　单位工程投标报价汇总表

工程名称：　　　　　　　　标段：　　　　　　　第　　页，共　　页

序号	汇 总 内 容	计 算 方 法	金额/元
1	工程定额分部分项工程费、技术措施费合计	自主报价	1767104.32

笔 记 栏

（续）

序号	汇 总 内 容	计 算 方 法	金额 / 元
1.1	其中：人工费预算价		41095.96
1.2	其中：机械费预算价		123287.89
2	一般措施项目费（不含安全施工措施费）	（人工费预算价 + 机械费预算价）× 0.65	2137.00
3	其他措施项目费		0
4	其他项目费		45000
4.1	其中：暂列金额	按招标文件提供金额计列	30000
4.2	其中：专业暂估价	按招标文件提供金额计列	12000
4.3	其中：计日工	自主报价	3000
4.4	其中：总承包服务费	自主报价	0
5	工程定额分部分项工程费、措施项目费（不含安全施工措施费）、其他项目费合计	（1）+（2）+（3）+（4）	1814241.32
6	规费	按规定标准计算	0
6.1	社会保障费		
6.2	住房公积金		
6.3	工程排污费		
6.4	其他		
7	安全施工措施费	按规定标准计算	31023.53
8	税前工程造价合计	（5）+（6）+（7）	1845264.85
9	税金	（8）× 规定税率 10%	184526.49
	投标报价合计	（8）+（9）	2029791.34

注：本表适用于单位工程招标控制价或投标报价的汇总；如无单位工程划分，单项工程也使用本表汇总。

4. 投标技巧

应在前期土方工程适当提高工程造价，后期绿化工程适当降低工程造价，这样能早日收回工程款，同时可以解决资金周转的问题。

笔 记 栏

【任务考核】

园林工程施工商务标编制考核见表 3-16。

表 3-16 园林工程施工商务标编制考核表

序号	考核项目	评分标准	配分	得分	备注
1	法定代表人身份证明	填写正确	10		
2	授权委托书	填写正确	10		
3	投标函及投标函附录	填写正确	10		
4	投标保证金	复印件	10		
5	投标总价表	报价合理	10		
6	已标价工程量清单	单价合理,合价正确	30		
7	资格审查资料	资料正确	20		
总分			100		

实训指导教师签字: 年 月 日

【巩固练习】

某招标人对一处园林绿化工程进行施工招标,某投标人通过调查获得如下信息:施工条件好,乔灌木栽植简单、工程量大,投标人一般的技术人员就能完成,投标对手多,招标人付款信誉比较好。工程量清单中场地建筑垃圾外运是暂估量。经过造价师计算,工程量清单中给的种植土数量比实际需要的少。投标人想通过此工程树立企业品牌。

请根据以上背景资料信息,指出投标人投标报价应采取的策略。

任务三 园林工程技术标编制

【任务描述】

某绿化工程招标,工程名称:某绿化工程苗木栽植工程,内容为绿化种植土回填、苗木栽植、草坪铺设等。工期 60 天,开工日期为 2019 年 7 月 20 日,竣工日期为 2019 年 9 月 17 日。质量标准一次验收合格,执行国家、某省、某市现行工程质量验收标准。招标文件中，施工组织设计评分标准见表 3-17。

表 3-17　施工组织设计评分标准

评审项目		分值	说　明
施工组织设计评分标准（25分）	总体概述	2	优等 2~1.6 分，良好 1.5~1.1 分，中等 1~0.6 分
	施工进度计划和各阶段进度保证措施及承诺	4	优等 4~3.1 分，良好 3~2.1 分，中等 2~1.1 分，差等 1~0 分
	劳动力投入计划、持证上岗及保证措施	3	优等 3~2.1 分，良好 2~1.1 分，中等 1 分，差等 0.9~0 分
	施工机械设备、检测设备投入、进场计划及保证措施	3	优等 3~2.1 分，良好 2~1.1 分，中等 1 分，差等 0.9~0 分
	对工程施工重点、难点关键技术、工艺的分析及解决方案	5	优等 5~4.1 分，良好 4~3.1 分，中等 3~2.1 分，差等 2~0 分
	工程质量保证措施与承诺	4	优等 4~3.1 分，良好 3~2.1 分，中等 2~1.1 分，差等 1~0 分
	安全生产和文明施工措施与承诺	4	优等 4~3.1 分，良好 3~2.1 分，中等 2 分，差等 1.9~0 分

笔 记 栏

任务点

请根据招标文件中的工程项目信息和施工组织设计评分标准编写绿化工程施工组织设计。

【任务分析】

施工组织设计是园林工程项目综合投标文件中一项重要的技术、经济管理性文件。它不仅是招标人对投标人的技术与组织水平进行考核的主要依据，也是对投标文件进行技术评审的重要参考对象。施工组织设计中优化的方案、临时工程设施数量、机械设备使用计划等基础资料，不仅能为园林施工企业提供合理的投标报价依据，还是园林施工企业的施工实力和管理水平的综合体现。因此，施工组织设计编写质量对整个投标书的质量以及投标报价起着决定性的作用，也是园林绿化企业在投标竞争中取胜、占领市场、赢得效益的重要基础。

【知识准备】

技术标书主要包括施工组织设计、项目班子配备及人员状况，项目组织机构的设置和企业近几年来的业绩等。

一、施工组织设计

（一）施工组织设计的概念

施工组织设计是用来指导施工项目全过程各项活动的技术、经济和组织的综合性文件，以先进科学的施工方法和组织手段，科学合理地安排劳动力、材料、设备、资金和施工方法，以达到人力与物力、时间与空间、技术与经济、计划与组织等诸多方面的合理优化配置，并安全施工，从而保证施工任务的顺利完成。

（二）施工组织设计的分类

施工组织设计按设计阶段和编制对象不同，分为施工组织总设计、单位工程施工组织设计和分部分项工程施工组织设计三类。

1. 施工组织总设计

施工组织总设计是以整个建设工程项目为对象（如一个大型综合公园园林绿化工程、一个居住区园林绿化工程等），在初步设计或扩大初步设计阶段，对整个建设工程的总体战略部署；或以若干单位工程组成的群体工程或特大型项目为主要对象，对整个施工过程起统筹规划、重点控制作用的施工组织设计，是指导全局性施工的技术和经济纲要。施工组织总设计的任务是确定建设项目的开展程序，主要园林建筑物、构筑物、绿化工程的施工方案，建设项目的施工总进度计划和资源需用量计划及施工现场总体规划等。施工组织设计文件的编制由项目经理主持，由公司技术负责人批准，并加盖单位公章后方可实施。

2. 单位工程施工组织设计

单位工程施工组织设计是指以单位工程为主要对象编制的施工组织设计，对单位工程的施工过程起指导和制约作用。单位工程施工组织设计是一个工程的战略部署，是宏观定性的，体现指导性和原则性，是一个将园林工程的蓝图转化为实物的总文件，其内容包含了施工全过程的部署、技术方案选定、进度计划及相关资源计划安排、各种组织保障措施，是对项目施工全过程的管理性文件。单位工程施工组织设计是在施工图纸设计完成之后、工程开工之前，在施工项目负责人领导下进行编制的。

3. 分部分项工程施工组织设计

分部分项工程施工组织设计是以分部分项工程为编制对象，具体实施施工全过程的各项施工活动的综合性文件。分部分项工程施工组织设计的编制一般与单位工程施工组织设计的编制同时进行，并由单位工程的技术负责人编制。

施工组织设计的分类

✎ 笔 记 栏

（三）园林工程施工组织设计编制的原则

园林工程具有艺术特性，其造型自由、灵活、多样。因此，园林工程的施工组织设计必须满足图纸设计的要求，严格遵循园林施工规范和相关要求，不得随意修改设计内容，并对实际施工中可能遇到的其他情况拟订措施。在园林工程施工组织设计编制过程中要遵守以下原则。

1）遵守国家相关政策、法规。

2）采用先进施工技术、合理选择施工方案。

3）符合园林工程特点、体现园林工程艺术性。

4）加强成本核算，做到均衡施工。

5）确保工程质量和施工安全。

（四）园林工程施工组织设计的编制程序

1）编制前的准备工作。

① 熟悉园林施工工程图纸，领会设计意图，找出疑难问题和工程重点、难点，收集有关资料，认真分析，研究施工中的问题。

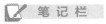

② 现场踏勘，核实图纸内容与场地现状，解决疑问。

2）将园林工程合理分项并计算各个分项工程的工程量，确定工期。

3）制订多个施工方案、施工方法，并进行经济技术比较分析，确定最优方案。

4）编制施工进度计划（横道图或网络计划图）。

5）编制施工必需的设备、材料、构件及劳动力计划。根据园林工程要求的工期与工程量，合理安排劳动力投入计划，使其既能够在要求工期内完成规定的工程量，又能做到经济、节约。科学的劳动力安排计划要使各工种间相互配合，劳动力在各施工阶段之间进行有效调剂，从而符合各项指标要求。

6）布置临时施工、生活设施，做好"四通一平"工作。

7）编制施工准备工作计划。

8）草拟出施工平面布置图。

9）计算技术经济指标，确定劳动定额，加强成本核算。

（五）园林工程施工组织设计编制要点

1. 把握原则，掌握依据

编制园林工程施工组织设计需要严格遵守合同规定以及国家法律法规，对施工顺序进行科学合理的安排，选择最优施工季节和工期，应用先进的施工管理理念，制订科学的施工方案，普及先进施工技术，做好施工成本、质量、安全和工期的控制工作；应用新型设备，提高施工的机械化和自动化程度，减少不必要的重复工作，将施工安全放在首位，文明施工、安全施工。

2. 重点突出，简明扼要

园林工程施工组织设计编制应充分体现"组织"的重要作用，突出编制重点，对人力、物力、施工方法、施工需求、施工时间、施工全过程以及阶段施工作周密的安排。进行施工组织设计编制工作时，首先应注意施工方案和施工部署之间的区别，施工方案注重选择而施工部署注重控制。其次应保证施工顺序的合理、得当。再者是对施工现场平面的布置，需要尽可能协调经济和技术之间的关系。

3. 措施得当，目标明确

合同、承诺以及中标条件是目标管理的主要依据。合理的目标管理应该保证施工质量和工期，目标管理还可以作为施工质量和进度的控制依据。

4. 敢于创新，灵活结合

园林工程施工包含了多个学科的知识，而施工组织设计的编制同样具有拓展性，能够和其他学科有机结合。在编制施工组织设计时应充分发挥自己的经验优势，敢于创新，表现出自己的技术优势。

（六）施工组织设计编制内容

施工组织设计的内容要结合工程项目的实际特点、施工条件、技术水平和招标文件要求进行综合考虑，一般应编制以下基本内容。

1. 工程概况及特点分析

1）概要说明园林工程的性质、规模、建设地点、建设期限、质量要求、工程艺术要求、园林植物种类要求等。

2）园林工程所在地区地形、地质、水文和气象情况等。

3）施工环境及施工条件等。

4）根据园林工程施工要求，分析施工过程需要解决的重点和难点问题。

2. 施工进度计划

施工进度计划反映最佳施工方案在时间上的安排，采用先进的计划理论和方法合理确定施工顺序和各工序的作业时间，使工期、成本、资源等方面达到优化配置，即工期合理、成本低、资源均衡。

3. 施工总平面布置图设计

施工总平面布置图是按施工方案、施工进度的要求，对施工临时设置的道路、仓库、附属加工场、房屋建筑、设备管线、通信线路等做出合理布置的总体布置图。它把投标人的各种资源、材料、构件、机械、道路、水电供应网络、生产生活活动场地及各种临时工程设施合理地布置在施工现场，使整个现场能有组织地进行文明施工。施工总平面布置图的目的是解决施工现场平面和空间

笔记栏

安排等问题。

4. 主要技术经济指标

主要技术经济指标用来对编制的施工组织设计进行全面的技术经济效益评价，如工期、质量、成本、安全等指标。

5. 施工方案

施工方案主要介绍园林栽植工程、园路铺装工程、水景、假山工程、园林建筑工程等主要施工方法、检验标准、注意事项、产品保护等内容。对于重点难点的施工方法，还需要图文并茂地进行清楚介绍。

6. 物资计划

物资计划主要介绍园林工程苗木、园林建筑材料、铺装材料等分批分次投入的主要物资计划。

7. 劳动力计划

劳动力计划主要介绍根据园林工程的需要每个月投入劳动力的计划安排，也可按照施工阶段安排。

8. 质量目标及保证措施

质量目标及保证措施主要介绍质量目标、质量方针、质量保证体系的内容及项目质量控制和保证措施。

9. 安全生产及保证措施

安全生产及保证措施主要介绍安全生产目标、安全保证体系的内容、安全管理制度、安全管理工作、具体安全技术措施、安全应急救援方案等。

10. 文明施工及保证措施

文明施工及保证措施主要介绍文明施工目标、文明施工组织措施、文明施工保证措施、生活卫生保证措施。

11. 环境保护措施

环境保护措施主要介绍环境保护目标、环境保护具体措施。

12. 季节施工保证措施

季节施工保证措施指针对园林工程在夏季、冬季、雨季等恶劣天气情况下做出的相关施工保证措施、组织措施、技术措施等。

二、项目班子配备及人员状况

1. 项目管理机构组成表（表 3-18）

2. 项目负责人简历表（表 3-19）

项目负责人简历表应附建造师注册资格证书、身份证、职称证明、学历证

笔记栏

明、养老保险证明等复印件，管理过的项目业绩须附中标通知书、合同协议书、竣工验收报告等复印件。

表 3-18 项目管理机构组成表

职务	姓名	职称	执业或职业资格证明					备注
			证书名称	级别	证号	专业	养老保险	

表 3-19 项目负责人简历表

姓名		年龄		学历		
职称		职务		拟在本合同任职		
毕业学校	年毕业于		学校		专业	
主要工作经历						
时间	参加过的类似项目			担任职务	发包人及联系电话	

✎ 笔记栏

【任务实施】

绿化工程施工组织设计范例如下（篇幅有限，只写编写要点）。

绿化工程施工组织设计

第一节　工程总体概述

编写要点：对项目总体认识全面深刻，论述完整清晰，总体组织符合实际，总体设计符合规范，总体计划合理，综合措施科学。主要从以下几个方面编写。

1）工程承包内容。包括绿化种植土回填、苗木栽植、草坪铺设等。

2）工期。60天，开工日期 2019 年 7 月 20 日，竣工日期为 2019 年 9 月 17 日。

3）质量标准。一次验收合格，执行国家、某省、某市现行工程质量验收标准。

4）工程施工难点分析及应对措施。

5）工程自然条件。

第二节　施工进度计划和各阶段进度保证措施及承诺

编写要点：施工进度计划编制合理、可行，关键线路清晰、准确、完整，关键节点控制措施得力、可操作性强，保证措施可靠，承诺违约责任最大、经济赔偿最大。主要从以下几个方面编写。

一、施工进度计划

1. 工期目标

本工程计划工期 60 天，2019 年 7 月 20 日开工，2019 年 9 月 17 日竣工。依据对同类工程的施工经验，我单位有能力满足招标文件中所要求的工期。

2. 工程各阶段划分

本绿化工程主要包括种植土回填、苗木栽植、草坪铺设。为合理安排、有效控制工期，确保按期按质完成任务，将总工期划分为六个阶段性工期。各施工阶段划分如下：第一阶段，种植土回填；第二阶段，定点放线；第三阶段，挖树坑；第四阶段，苗木栽植；第五阶段，草坪施工；第六阶段，清理、养护、竣工验收。

3. 工程各阶段进度计划

各施工阶段采用流水施工方式相互穿插施工，各施工阶段进度计划详见施工进度计划横道图。

二、各阶段进度保证措施

（一）明确各阶段进度控制方法

1. 种植土回填进度控制方法

2. 定点放线进度控制方法

3. 挖树坑进度控制方法

4. 苗木栽植进度控制方法

5.草坪施工进度控制方法

（二）各阶段进度保证措施

1.种植土回填进度保证措施

2.定点放线进度保证措施

3.挖树坑进度保证措施

4.苗木栽植进度保证措施

5.草坪施工进度保证措施

三、承诺

第三节　劳动力投入计划、持证上岗及保证措施

编写要点：劳动力投入能满足施工需要，持证上岗率达90%以上，保证措施具体，符合招标文件的要求。主要从以下几个方面编写。

一、劳动力投入计划

（一）劳动力配备原则

（二）劳动力投入计划

1.各阶段劳动力分析

2.劳动力安排计划

二、劳动力持证上岗

劳动力投入满足施工需要，持证上岗率达90%以上。

三、劳动力保证措施

1.劳动力储备保证措施

2.劳动力素质保证措施

3.劳动力的紧急调配保证措施

第四节　施工机械设备、检测设备投入、进场计划及保证措施

编写要点：施工和检测设备投入能满足施工需要，投入计划与进度计划协调，调配计划合理。主要从以下几个方面编写。

一、施工机械设备投入计划

（一）施工机械设备配置原则

（二）施工机械设备投入计划

二、检测设备投入计划

（一）检测设备配置原则

（二）检测设备投入计划

三、施工机械设备、检测设备进场计划

四、施工机械设备保证措施

五、检测设备保证措施

六、承诺

第五节　对工程施工重点、难点、关键技术、工艺的分析及解决方案

编写要点：应对工程重点、难点认识深刻，表述全面准确，解决方案科学、系统、安全、经济，可操作性强，保障措施得力；对施工关键技术、工艺把握准确，应用到位，阐释清晰。主要从以下几个方面编写。

一、绿化种植工程程序

二、定点放线施工方案

三、挖树坑施工方案

四、种植土回填施工方案

五、苗木栽植施工方案

六、草坪施工方案

第六节　工程质量保证措施与承诺

编写要点：工程质量保证计划全面细致、结合实际、措施具体、责任到人，承诺工程质量标准高，承诺违约责任最大、经济赔偿最大。主要从以下几个方面编写。

一、质量保证体系

二、质量保证措施

（一）定点放线保证措施

（二）挖树坑保证措施

（三）种植土回填保证措施

（四）苗木栽植保证措施

（五）草坪保证措施

三、承诺

笔 记 栏

第七节 安全生产和文明施工措施与承诺

编写要点：根据实际情况制订安全文明施工保证计划，全面周到、完整，关键地点、工序、环节控制保障措施得力，责任人具体，承诺安全文明施工标准最高，承诺违约责任最大、经济赔偿责任最大。主要从以下几个方面编写。

一、安全生产措施与承诺

（一）安全生产管理目标

（二）安全生产管理制度

（三）安全生产管理内容

（四）安全生产保证措施

（五）安全生产承诺

二、文明施工措施与承诺

（一）文明施工目标

（二）文明施工制度

（三）文明施工内容

（四）文明施工保证措施

（五）文明施工承诺

第八节 施工平面布置

编写要点：总体布置规范合理，能切实满足技术、质量、安全、文明施工需要。主要从以下几个方面编写。

一、施工现场总体布置构想

二、临时设施规划及设施规模

三、附施工平面布置图

第九节 项目管理机构

编写要点：项目管理人员配置合理，适合本项目的工程施工管理要求。主要从以下几个方面编写。

一、项目管理机构框架图

二、项目管理机构人员职责

【任务考核】

园林工程技术标书编制考核见表 3-20。

表 3-20   园林工程技术标书编制考核表

序号	考 核 项 目	评 分 标 准	配分	得分	备 注
1	项目概况	对项目总体认识全面深刻，论述完整清晰，总体组织符合实际，总体设计符合规范，总体计划合理，综合措施科学	5		
2	施工方案	对工程重点、难点的认识深刻，表述全面准确；对本项目主要分项工程的施工方案科学、系统、安全、经济，可操作性强，保障措施得力；对施工关键技术、工艺把握准确，应用到位，阐释清晰	15		
3	质量管理	工程质量保证计划全面细致、结合实际、措施具体、责任到人	10		
4	进度管理	施工进度计划编制合理、可行，关键线路清晰、准确、完整，关键节点控制措施得力、可操作性强，保证措施可靠	10		
5	安全文明管理	根据实际情况制订安全文明施工保证计划，全面周到、完整，关键地点、工序、环节控制保障措施得力，责任人具体	10		
6	劳动力投入计划、持证上岗及保证措施	劳动力投入能满足施工需要，持证上岗率达 90% 以上，保证措施具体	10		
7	施工机械设备、检测设备投入、进场计划及保证措施	施工机械设备、检测设备投入能满足施工需要，投入计划与进度计划协调，调配计划合理	10		
8	施工平面布置	总体布置规范合理，能切实满足技术、质量、安全、文明施工需要	10		
9	项目管理机构	项目管理人员配置合理，适合本项目的工程施工管理要求	20		
	总分		100		

实训指导教师签字：   年   月   日

笔记栏

【巩固练习】

某道路绿化工程内容为种植乔木 1000 株、灌木 4000 株和地被植物 20000m²，工期 30 天。请按照施工组织设计要求编制一份施工组织设计。

本项目职业素养提升要点

　　投标能否成功，关键在于是否按照招标文件的要求，合理分工、协作编制出完整的投标文件。因此，在实际工作过程中，应培养团队合作精神。此外，对投标技巧和策略的应用，需要学生学会将原则性与灵活性相结合的工作方法。

笔记栏

项目四　园林工程开标、评标、定标

【项目概述】

开标、评标、定标是招标投标活动中十分重要的阶段。园林工程招标的开标、评标、定标由建设单位依法组织实施，并接受有关行政主管部门的监督。本项目主要学习开标、评标与定标的程序，以及评标的基本方法。

【知识目标】

1）了解园林工程开标、评标与定标的含义。

2）熟悉评标委员会组建程序及方法。

3）熟悉园林工程开标、评标与定标的程序。

4）掌握评标的基本方法。

【技能目标】

1）能根据工程特点组建评标委员会。

2）能根据招标投标程序组织开标、评标与定标。

3）能根据招标文件评标标准与方法进行评标与定标。

任务一　园林工程开标

【任务描述】

某市政府投资的绿化工程施工招标采用资格后审方式组织公开招标。在投标文件截止时间前，招标人收到了投标人提交的 6 份投标文件。在开标时发生如下事件。

事件 1：投标人 A 在来投标现场的路上因堵车迟到了 1 分钟，招标人拒收投标人 A 的投标文件。

笔记栏

事件2：招标人代表检查投标文件密封情况，发现投标人B的投标文件未按招标文件要求密封，招标人当场宣布投标人B废标。

事件3：投标人D的投标文件缺少投标保函，招标人当场宣布投标人D的投标文件为无效投标文件，不能进入唱标程序。

事件4：招标人在提交投标文件截止时间前收到投标人E撤回其投标的书面通知，招标人对投标人E没有唱标，也没有说明。

事件5：招标人对剩下的三家投标人C、F、G进行了唱标，发现投标人F投标报价高于招标最高限价，当场宣布投标人F的投标文件为无效投标文件。

事件6：现只剩下C、H两家投标人，招标人认为有效标少于三家，当场宣布废标，开标会结束，招标人重新组织招标。

任务点

指出在事件1~6中招标人的行为是否妥当，并说明理由。

笔 记 栏

【任务分析】

开标是招标投标工作中的一项重要工作，因此，需要掌握开标的基本知识和程序。

【知识准备】

一、开标前的准备工作

1）开标前准备会。在开标日前一两天，由招标人或招标代理机构部门负责人召集有关人员参加开标前准备会。项目负责人提出具体工作任务、人员需要和时间安排等，充分进行协调，准备和安排妥当。任务落实到人。

2）根据投标人的情况，综合估算评标工作量，并据此预约评标室，做好评标、询标时间进度安排和必要的人员食宿等生活保障。

开标的概念及开标前的准备工作

3）语音随机抽取评委并通知，确认其是否能够参加。

4）准备所有开标、评标需要的材料：投标签到表；投标文件签收一览表；评委和其他人员签到表；投标文件密封情况检查表；唱标记录表；投标情况（或者分包情况）汇总表；符合性检查表；商务、技术标评审表；技术参数比较表（如果有）；评标价格对比表等。

二、开标时间

开标时间应与提交投标文件的截止时间相一致。招标人或招标代理机构必须按照招标文件规定的时间开标，不得擅自提前或延迟开标，更不能不开标进行评标。

三、开标地点

开标必须在招标文件规定的地点进行。招标人如果有特殊原因，需要变动开标地点，应提前以书面形式通知所有投标人，并将其作为招标文件的补充文件，同时向工程所在的县级以上地方人民政府建设行政主管部门备案。

园林工程开
标的程序

四、开标程序

笔记栏

1. 招标人签收投标人提交的投标文件

《招标投标法》第二十八条规定，投标人应当在招标文件要求提交投标文件的截止时间前，将投标文件送达投标地点。招标人收到投标文件后，应当签收保存，不得开启。投标人少于三个的，招标人应当依照《招标投标法》重新招标。在招标文件要求提交投标文件的截止时间后送达的投标文件，招标人应当拒收。

2. 投标人出席开标会议的代表签到

投标人授权出席开标会议的代表本人填写开标会议签到表，监督工作人员负责核对签到人身份，应与签到的内容一致。

3. 开标主持人宣布开标会开始（按招标文件规定的开标时间）

主持人宣布开标人、唱标人、记录人和监督人员。主持人一般为招标人代表，也可以是招标人指定的招标代理机构的代表。开标人、唱标人、记录人一般为招标人或招标代理机构的工作人员，记录人按开标会记录的要求进行记录。

4. 开标主持人介绍参会主要人员

参会主要人员包括到会的招标人代表、招标代理机构代表、各投标人代表、公证机构公证人员与见证人员（如果有）及监督人员等。

5. 开标会纪律

主持人宣布开标会程序、开标会纪律。开标会纪律一般有以下几点：场内严禁吸烟，凡与开标无关人员不得进入开标会场，参加会议的所有人员应关闭手机或将手机调至静音；开标期间不得高声喧哗，投标人代表有疑问应举手发言，参加会议人员未经主持人同意不得在场内随意走动等。

6. 核对投标人授权代表的相关资料

监督人员核对投标人授权代表的身份证件、授权委托书及出席开标会人数，确认授权代表的有效性，并留存授权委托书和身份证件的复印件。法定代表人出席开标会的，要出示其有效证件。主持人还应当核查各投标人出席开标会代表的人数，无关人员应当退场。

7. 主持人宣布投标文件截止时间送达的投标文件份数

8. 检查各投标文件的密封情况

招标人和投标人的代表共同（或公证机关）检查各投标文件的密封情况。

9. 主持人宣布拆封和唱标次序

（1）拆封　投标文件由指定的开标人在监督人员及与会代表的监督下当众拆封，拆封后应当检查投标文件的组成情况并记入开标会记录。开标人应将投标函和投标函附件以及招标文件中可能规定需要唱标的其他文件交给唱标人进行唱标。

（2）唱标　一般按投标文件送达时间的逆顺序进行唱标。唱标人依唱标顺序依次唱标。唱标内容一般包括投标报价、工期和质量标准、质量奖项等方面的承诺、替代方案报价、投标保证金、主要人员等。在提交投标文件截止时间前收到的投标人对投标文件的补充、修改同时宣布；若在提交投标文件截止时间前收到投标人撤回其投标的书面通知，则该投标文件不再唱标，但须在开标会上说明。

10. 开标记录签字确认

开标记录应当如实记录开标过程中的重要事项，包括开标时间、开标地点、出席开标会的各单位及人员、唱标记录、开标会程序、开标过程中出现的需要评标委员会评审的情况，有公证机构出席公证的还应记录公证结果。投标人的授权代表应当在开标记录（表4-1）上签字确认；投标人对开标有异议的，应当当场提出，招标人应当当场予以答复，并作好记录。投标人基于开标现场事项投诉的，应当先行提出异议。

11. 公布标底（如果有）

招标人设有标底的，必须由唱标人公布标底。

12. 送封闭评标区转交评标委员会

投标文件、开标记录等送封闭评标区转交评标委员会。

13. 处理投标异议

对于开标过程中，投标人认为不符合有关规定的问题，应当在开标现场提出异议。异议成立的，招标人应当及时采取纠正措施，或者提交评标委员会评审确认；投标人异议不成立的，招标人应当当场给予答复。异议和答复应记入开标会议记录或制作专门记录备查。

笔 记 栏

表 4-1　（项目名称）开标记录

开标时间：　　年　月　日　时　分

序号	投标人	密封情况	投标保证金	投标报价/元	质量标准	工期	备注	签名
招标人编制的标底/最高限价								

招标人代表：　　　　　　　　记录人：　　　　　　　　监标人：

　　　　　　　　　　　　　　　　　　　　　　　　　　年　月　日

14. 开标会议结束

主持人宣布开标会议结束。

笔记栏

【任务实施】

事件 1：招标人行为妥当。

理由：投标文件逾期送达的或未送达指定地点的，应当场宣布为无效投标。

事件 2：招标人代表检查投标文件密封情况不妥当。

理由：招标人和投标人的代表共同（或公证机关）检查各投标书密封情况。密封不符合招标文件要求的，招标人应当通知招标办监管人员到场见证。

事件 3：招标人行为不妥当。

理由：《招标投标法》规定，招标人在招标文件要求提交投标文件的截止时间前收到的所有投标文件，在开标时都应当予以拆封、宣读；投标人 D 的投标文件虽然缺少投标保函，但应当进入唱标阶段。

事件 4：招标人行为不妥当。

理由：招标人若在提交投标文件截止时间前收到投标人撤回其投标的书面通知，则该投标文件不再唱标，但须在开标会上说明。

事件 5：招标人行为不妥当。

理由：否决投标只能发生在评标过程中，且由评标委员会行使，唱标过程只是公开投标人的主要投标信息，不具评标资格。

事件 6：招标人行为不妥当。

理由：在截标时间前提交投标文件的投标人少于三家的，应为流标而不是废标，开标会即告结束，招标人应当依法重新组织招标。

【任务考核】

园林工程施工开标考核见表 4-2。

表 4-2　园林工程施工开标考核表

序号	考 核 项 目	评 分 标 准	配分	得分	备　　注
1	开标准备	开标准备材料齐全	20		
2	签收投标文件	符合《招标投标法》规定	20		
3	开标人	符合《招标投标法》规定	20		
4	检查密封情况	检查密封人员正确	20		
5	唱标	唱标顺序、内容正确	20		
	总分		100		

实训指导教师签字：　　　　　　　　　　　　　　　　　　年　　月　　日

【巩固练习】

某房地产开发公司小区景观绿化工程施工，采用公开招标方式选择施工单位，投标保证金有效期时间同投标有效期。提交投标文件截止时间为 2019 年 5 月 30 日 9:30。该公司于 2019 年 3 月 6 日发出公告，后有 A、B、C、D、E 这 5 家园林绿化单位参加了投标。B 单位由于工作疏忽，在投标截止时间前未能提交投标保证金。开标会议由建设局领导主持。D 单位在开标前向该公司撤回投标文件。经过综合评选，C 中标。双方按规定签订了施工合同。

根据上述项目资料，回答下列问题。

1）B 单位的投标文件应如何处理？为什么？

2）对 D 单位撤回投标文件的要求应如何处理？为什么？

3）上述招标投标程序中，有哪些不妥之处？请说明理由。

任务二　园林工程评标

【任务描述】

某市政府拟投资建一山地公园园林绿化工程，进行公开招标。招标文件要求

笔记栏

投标单位技术标和商务标分别装订报送，并且采用综合评估法评审，招标控制价为 2600 万元。评标原则及方法如下。

1. 商务标（满分 60 分）

1）投标报价（满分 55 分）。投标人投标报价高于招标控制价或低于有效投标报价算术平均值下浮 15%，按否决其投标处理。

以符合要求的商务报价的算数平均值作为基准价（55 分）；投标人的投标报价每低于基准价 1%，在 55 分的基础上扣 0.5 分；投标人的投标报价每高于基准价 1%，在 55 分的基础上扣 1 分。投标报价最低得分为 0 分。不足 1% 部分按插值法计算。计算百分点时，以元（人民币）为单位，保留 2 位小数（四舍五入）。

2）投标报价合理性（满分 5 分）。

专家评委根据投标人报价的内容进行全面分析，比较进行打分。

A：合理 4~5 分；B：较合理 2~3 分；C：不合理 0~1 分。

2. 技术标（满分 40 分）

（1）施工组织设计（满分 34 分）

1）工程概况与重点、难点分析（满分 10 分）。

2）质量管理体系与措施（满分 8 分）。

3）安全管理体系与措施（满分 4 分）。

4）环境保护管理体系与措施（满分 3 分）。

5）工程进度计划与措施（满分 6 分）。

6）资源配备计划（满分 3 分）。

（2）财务状况（满分 3 分）

（3）业绩（满分 3 分）　截止投标时间收到 A、B、C、D、E、F、G、H 共 8 家投标文件。开标前，招标人组建评标委员会，评标委员会由 5 人组成，其中：经济专家 2 人，技术专家 2 人，招标人代表 1 人（限招标人在职人员，且应当具备评标专家相应或类似的条件）。评标时发现，B 投标人的投标报价大写金额（2560 万元）小于小写金额（2561 万元）；D 投标人的投标文件格式不符合招标文件的要求；E 和 F 投标人的投标文件中，造价工程师为同一个人，经过与投标人进行联系确认后，投标人造价工程师承认为同一人；其他投标人的投标文件均符合招标文件要求。

各投标单位的技术标得分和商务报价见表 4-3 和表 4-4。

表 4-3　各投标单位技术标得分汇总表

投标单位	工程概况与重点、难点分析	质量管理体系与措施	安全管理体系与措施	环境保护管理体系与措施	工程进度计划与措施	资源配备计划	财务状况	业绩
A	9.5	7.0	3.5	2.5	5.5	2.5	2.5	2.5
B	9.0	7.5	3.5	2.0	5.0	2.0	2.5	2.5
C	8.5	7.0	3.0	2.0	6.0	2.5	2.0	2.0
D	—	—	—	—	—	—	—	—
E	9.0	8.0	3.5	2.5	5.0	2.5	2.0	1.0
F	8.0	7.0	3.0	1.5	4.0	2.0	2.0	1.5
G	8.5	5.5	2.5	1.0	5.5	2.0	2.5	2.5
H	8.0	6.5	2.5	1.5	3.5	1.5	2.0	1.0

表 4-4　各投标单位商务报价汇总表

投标单位	A	B	C	D	E	F	G	H
商务报价 / 万元	2450	2560	2270	2230	2100	2320	2580	2190

笔 记 栏

任务点

1. 判断评标委员会组建是否正确，并说明理由。

2. 判断投标人 B、D、E、F 投标是否为有效标，并说明理由。

3. 按照评标办法，计算各投标单位的综合得分，推荐合格的中标候选人，填写评标报告。

【任务分析】

评标是招标投标活动中十分重要的阶段，评标是否真正做到公开、公平、公正，决定着整个招标投标活动是否公平和公正。评标的质量决定着能否从众多投标竞争者中选出最能满足招标项目各项要求的中标者。评标必须以招标文件为依据，不得采用招标文件规定以外的标准和方法进行评标。

【知识准备】

一、评标的概念

评标是指按照招标文件中规定的评标标准和方法，对各投标人的投标文件进行评价比较和分析，从中选出最佳投标人的过程。

二、园林工程评标原则

1. 公平、公正、科学、择优

《招标投标法》第五条规定，招标投标活动应当遵循公开、公平、公正和诚实信用的原则。为了体现公平和公正的原则，招标人和招标代理机构在制作招标文件时，须依法选择科学的评标方法和标准；招标人要依法组建合格的评标委员会；评标委员会应依法评审所有投标文件，择优推荐中标候选人。

2. 严格保密

严格保密的措施涉及多方面，包括：评标地点保密；评标委员会成员的名单在中标结果确定之前保密；评标委员会成员评标期间不得与外界有任何接触，对评标情况承担保密义务；招标人、招标代理机构或相关主管部门等参与评标现场工作的人员，均应承担保密义务。

3. 独立评审

评标委员会虽然由招标人组建并受其委托评标，但是，一经组建并开始评标工作，评标委员会即应依法独立开展评审工作。不论是招标人，还是有关主管部门，均不得非法干预、影响或改变评标过程和结果。

4. 严格遵守评标方法

《招标投标法》第四十条规定，评标委员会应当按照招标文件确定的评标标准和方法，对投标文件进行评审和比较；设有标底的，应当参考标底。《评标委员会和评标方法暂行规定》第十七条规定，招标文件中没有规定的标准和方法不得作为评标的依据。

三、园林工程评标程序

（一）评标准备工作

招标人依照《招标投标法》《实施条例》的规定，结合项目实际情况组建评标委员会。

（1）评标委员会的组成

① 评标委员会由招标人或其委托的招标代理机构中熟悉相关业务的代表，以及有关技术、经济等方面的专家组成，成员人数为 5 人及以上单数，其中园林类技术专家不得少于成员总数的 1/3。

② 评标委员会设负责人的，该负责人由评标委员会成员推举产生。评标委员会负责人与评标委员会的其他成员有同等的表决权。

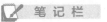
笔 记 栏

评标委员会的组成

③ 评标委员会成员应于开标前按规定随机抽取。评标委员会成员名单在中标结果确定前应当保密。

（2）确定评标专家

1）相关技术方面的专家。由招标项目相关专业的技术专家参加评标委员会，由招标人或招标代理机构从国务院有关部门或省、自治区、直辖市人民政府有关部门提供的专家库（综合性评标专家库）中随机抽取确定。评标专家对投标文件所提方案技术上的可行性、合理性、先进性和质量可靠性等技术指标进行评审比较，以评选出在技术和质量、进度等方面确能最大限度满足招标文件要求的投标文件。

2）经济方面的专家。由经济方面的专家对投标文件所报的投标价格、投标方案的运营成本、投标人的财务状况等商务条款进行评审比较，以评选出在经济上对招标人最有利的投标人。

3）其他方面的专家。根据招标项目的不同情况，招标人还可聘请除技术专家和经济专家以外的其他方面的专家参加评标委员会。

（3）不得担任评标委员会成员的情形 《评标委员会和评标方法暂行规定》第十二条规定，有下列情形之一的，不得担任评标委员会成员。

① 投标人或者投标人主要负责人的近亲属。

② 项目主管部门或者行政监督部门的人员。

③ 与投标人有经济利益关系，可能影响对投标公正评审的。

④ 曾因在招标、评标以及其他与招标投标有关活动中从事违法行为而受过行政处罚或刑事处罚的。

评标委员会成员有上述情形之一的，应当主动提出回避。

（4）工作纪律

① 评标委员会成员应当客观、公正地履行职责，遵守职业道德，对所提出的评审意见承担个人责任。

② 评标委员会成员不得与任何投标人或者与招标结果有利害关系的人进行私下接触，不得收受投标人、中介人、其他利害关系人的财物或者其他好处，不得向招标人征询其确定中标人的意向，不得接受任何单位或者个人明示或者暗示提出的倾向，或者排斥特定投标人的要求，不得有其他不客观、不公正履行职务的行为。

③ 评标委员会成员和与评标活动有关的工作人员不得透露对投标文件的评审和比较、中标候选人的推荐情况以及与评标有关的其他情况。

以上所称与评标活动有关的工作人员，是指评标委员会成员以外的因参与评标监督工作或者事务性工作而知悉有关评标情况的所有人员。

（5）暗标编号 目前，技术标评审通常采用暗标形式。评标工作开始前，招

笔记栏

标人指定招标监督人负责编制投标文件暗标编码（电子标由计算机系统完成），并就暗标编码与投标人的对应关系作好暗标编码记录。暗标编码按随机方式编制。在评标委员会全体成员均完成暗标部分评审后，招标人方可向评标委员会公布暗标编码记录。暗标编码记录在公布前必须密封并予以保密；公布后，评标委员会必须核对其正确性，防止出现张冠李戴现象。

（二）评标委员会工作

1. 评标委员会成员签到

评标委员会成员到达评标现场时应在签到表上签到以证明其出席。评标委员会签到表见表 4-5。

表 4-5　评标委员会签到表

工程名称：＿＿＿＿＿＿＿＿＿（项目名称）标段　　　　　评标时间：＿＿＿年＿＿月＿＿日

序号	姓名	职称	工 作 单 位	专家证号码	签到时间
1					
2					
3					
4					
5					

笔 记 栏

2. 评标委员会分工

评标委员会首先推选一名评标委员会负责人，由其负责评标活动的组织领导工作。评标委员会负责人在保证评标公平、公正的基础上，可以分工合作的方式安排评委评标。

3. 熟悉招标文件资料

1）评标委员会负责人应组织评标委员会成员认真研究招标文件，了解和熟悉招标目的、招标项目的范围和性质、技术要求标准和商务条款、质量标准和工期要求等，掌握招标文件规定的评标标准和评标过程中考虑的相关因素，熟悉评标表格的使用，尤其是用于详细分析计算的表格。未在招标文件中规定的标准和方法不得作为评标的依据。

2）为加强评标的针对性、科学性，保证评标委员会顺利完成评标，《评标委员会和评标方法暂行规定》第十六条规定，招标人或者其委托的招标代理机构应当向评标委员会提供评标所需的重要信息和数据。

招标人设有标底的，标底在开标前应当保密，并在评标时作为参考。

招标人应基于招标项目的实际情况，向评标委员会提供招标文件没有载明或者已经载明，但短时间内评标委员会成员不容易准确把握理解的，且为准确评标所必需的客观真实信息。

招标人应当向评标委员会提供评标所必需的信息主要包括以下几个。

① 招标项目的范围、性质和特殊性。

② 招标项目的质量、价格、进度等需求目标和实施地点。

③ 招标文件中规定的主要技术标准和要求、商务条款。

④ 招标文件规定的评标办法、评审因素及标准，以及设置评审因素及标准的主要考虑。

⑤ 开标记录。

⑥ 投标文件。

⑦ 采用资格预审的，还应包括资格预审文件和资格预审申请文件。

⑧ 招标控制价或标底（如果有）。

⑨ 工程所在地工程造价管理部门颁布的工程造价信息、定额（如作为计价依据时）。

⑩ 有关的法律、法规、规章、国家标准以及招标人或评标委员会认为必要的其他信息和数据。

（三）初步评审

初步评审可分为形式评审、资格评审、响应性评审等，具体应按照招标文件中列出的规定执行。

1. 形式评审

评标委员会根据评标办法前附表中规定的评审因素和评审标准，对投标人的投标文件进行形式评审，主要审核投标人名称、投标文件格式、投标文件签章等内容，并使用表 4-6 记录评审结果。

评标初步评审

表 4-6　形式评审记录表

工程名称：（项目名称）标段　　　　　　　　评标时间：＿＿＿＿年＿＿月＿＿日

序号	评审因素	投标人名称及评审意见							
1	投标人名称								
2	投标文件签章								
3	投标文件格式								
4	报价唯一								
	是否通过评审								

评标委员会全体成员签名：

日期：　年　月　日

2. 资格评审

资格评审主要审核投标人的营业执照、财务状况、类似项目业绩、信用评价、承诺书，以及项目负责人、管理人员、技术工人的资格证书、劳动合同、社会保险等资料。

1）评标委员会根据评标办法前附表中规定的评审因素和评审标准，对投标人的投标文件进行资格评审，并使用表4-7记录评审结果（适用于未进行资格预审的情形）。

表 4-7　资格评审记录表（适用于未进行资格预审的情形）

工程名称：（项目名称）标段　　　　　　　　　　　　评标时间：＿＿＿＿年＿＿月＿＿日

序号	评审因素	投标人名称及评审意见							
1	营业执照								
2	财务状况								
3	类似项目业绩								
4	信用评价								
5	承诺书								
6	项目负责人								
7	管理人员								
8	技术工人的资格证书								
9	劳动合同								
10	社会保险								
11	其他要求								
	是否通过评审								

评标委员会全体成员签名：

日期：　　年　月　日

2）当投标人资格预审申请文件的内容发生重大变化时，评标委员会依据资格预审文件中规定的标准和方法，对照投标人在资格预审阶段提交的资格预审文件中的资料以及在投标文件中更新的资料，对其更新的资料进行评审（适用于已进行资格预审的情形）。

① 资格预审采用合格制的，投标文件中更新的资料应当符合资格预审文件中规定的审查标准，否则其投标作废标处理。

② 资格预审采用有限数量制的，投标文件中更新的资料应当符合资格预审文件中规定的审查标准。其中以评分方式进行审查的，其更新的资料按照资格预

笔记栏

审文件中规定的评分标准评分后，其得分应当保证即便在资格预审阶段仍然能够获得投标资格，且没有对未通过资格预审的其他资格预审申请人构成不公平，否则其投标作废标处理。

3. 响应性评审

1）评标委员会根据评标办法前附表中规定的评审因素和评审标准，对投标人的投标文件进行响应性评审，主要审核投标人的投标报价、工期、质量标准、投标保证金、投标有效期、权利义务以及其他发包人要求，并使用表4-8记录评审结果。

2）投标人的投标价格不得超出（不含等于）评标办法前附表规定计算的招标控制价，否则该投标人的投标文件不能通过响应性评审（适用于设立拦标价的情形）。

表 4-8　响应性评审记录表

工程名称：（项目名称）标段　　　　　　　　　　评标时间：＿＿＿＿年＿＿月＿＿日

序号	评审因素	投标人名称及评审意见							
1	投标内容								
2	工期								
3	质量标准								
4	投标保证金								
5	投标有效期								
6	履约担保的金额								
7	权利义务								
8	已标价工程量清单								
9	技术标准和要求								
10	投标价格								
	是否通过评审								

评标委员会全体成员签名：

日期：　　年　月　日

4. 初步评审时的澄清

《评标委员会和评标方法暂行规定》第十九条规定，评标委员会可以书面方式要求投标人对投标文件中含义不明确、对同类问题表述不一致或者有明显文字和计算错误的内容作必要的澄清、说明或者补正。澄清、说明或者补正应以书面方式进行，且不得超出投标文件的范围或者改变投标文件的实质性内容。

笔 记 栏

初步评审澄清与否决

投标文件中的大写金额和小写金额不一致的，以大写金额为准；总价金额与单价金额不一致的，以单价金额为准，但单价金额小数点有明显错误的除外；对不同文字文本投标文件的解释发生异议的，以中文文本为准。

5. 初步评审否决投标的情况

《工程建设项目施工招标投标办法》第五十条规定，有下列情形之一的，评标委员会应当否决其投标。

1）投标文件未经投标单位盖章和单位负责人签字。

2）投标联合体没有提交共同投标协议。

3）投标人不符合国家或者招标文件规定的资格条件。在评标过程中，评标委员会发现投标人资格条件不符合国家有关规定和招标文件要求的，或者拒不按照要求对投标文件进行澄清、说明或者补正的，评标委员会可以否决其投标。

4）同一投标人提交两个以上不同的投标文件或者投标报价，但招标文件要求提交备选投标的除外。

5）投标报价低于成本或者高于招标文件设定的最高投标限价。在评标过程中，评标委员会发现投标人的报价明显低于其他投标报价或者在设有标底时明显低于标底，使得其投标报价可能低于其个别成本的，应当要求该投标人作出书面说明并提供相关证明材料。投标人不能合理说明或者不能提供相关证明材料的，由评标委员会认定该投标人以低于成本报价竞标，应当否决其投标。

6）投标文件没有对招标文件的实质性要求和条件作出响应。在评标过程中，评标委员会应当审查每一投标文件是否对招标文件提出的所有实质性要求和条件作出响应。未能在实质上响应的投标，应当予以否决。

7）投标人有串通投标、弄虚作假、行贿等违法行为。在评标过程中，评标委员会发现投标人以他人名义投标、串通投标、以行贿手段谋取中标或者以其他弄虚作假方式投标的，应当否决其投标。

6. 初步评审时投标偏差的界定

在评标过程中，评标委员会应当根据招标文件，审查并逐项列出投标文件的全部投标偏差。投标偏差分为重大偏差和细微偏差。

（1）重大偏差

1）没有按照招标文件要求提供投标担保，或者所提供的投标担保有瑕疵。

2）投标文件没有投标人授权代表签字和加盖公章。

3）投标文件载明的招标项目完成期限超过招标文件规定的期限。

4）明显不符合技术规格、技术标准的要求。

5）投标文件载明的货物包装方式、检验标准和方法等不符合招标文件的要求。

6）投标文件附有招标人不能接受的条件。

7）不符合招标文件中规定的其他实质性要求。

投标文件有上述情形之一的，未能对招标文件作出实质性响应，应作出否决投标处理。招标文件对重大偏差另有规定的，从其规定。

（2）细微偏差　细微偏差是指投标文件在实质上响应招标文件要求，但在个别地方存在漏项，或者提供了不完整的技术信息和数据等情况，并且补正这些遗漏或者不完整不会对其他投标人造成不公平的结果。细微偏差不影响投标文件的有效性。

评标委员会应当以书面形式要求存在细微偏差的投标人在评标结束前予以补正。拒不补正的，在详细评审时可以将细微偏差作不利于该投标人的量化，量化标准应当在招标文件中规定。

7. 初步评审时否决全部投标的情况

评标委员会根据否决投标情况规定否决不合格投标后，因有效投标不足 3 个使得投标明显缺乏竞争的，评标委员会可以否决全部投标。

投标人少于 3 个或者所有投标被否决的，招标人在分析招标失败的原因并采取相应措施后，应当依法重新招标。

（四）详细评审

经初步评审合格的投标文件，评标委员会应当根据招标文件确定的评标标准和方法，对其技术部分和商务部分作进一步评审、比较，评定其合理性，评审若将合同授予该投标人，在履行过程中可能给招标人带来的风险。评标委员会认为必要时，可以单独约请投标人对标书中含义不明确的内容作必要的澄清或说明，但澄清或说明不得超出投标文件的范围或改变投标文件的实质性内容。澄清内容也要整理成文字材料，作为投标书的组成部分。

1. 评标方法

评标方法包括经评审的最低投标价法、综合评估法或者法律、行政法规允许的其他评标方法。

（1）经评审的最低投标价法　经评审的最低投标价法一般适用于具有通用技术、性能标准或者招标人对其技术、性能没有特殊要求的招标项目。

根据经评审的最低投标价法，能够满足招标文件的实质性要求，并且经评审为最低投标价的投标人，应当推荐为中标候选人。

采用经评审的最低投标价法时，评标委员会应当根据招标文件中规定的评标价格调整方法，对所有投标人的投标报价以及投标文件的商务部分作出必要的价

评标详细评审

笔 记 栏

格调整。中标人的投标应当符合招标文件规定的技术要求和标准，但评标委员会无须对投标文件的技术部分进行价格折算。

采用经评审的最低投标价法完成详细评审后，评标委员会应当拟订一份标价比较表，连同书面评标报告提交招标人。标价比较表应当载明投标人的投标报价、对商务偏差的价格调整和说明以及经评审的最终投标价。

（2）综合评估法　不宜采用经评审的最低投标价法的招标项目，一般应当采取综合评估法进行评审。

根据综合评估法，最大限度地满足招标文件中规定的各项综合评价标准的投标人，应当推荐为中标候选人。

衡量投标文件是否最大限度地满足招标文件中规定的各项评价标准，可以采取折算为货币的方法、打分的方法或者其他方法。需量化的因素及其权重应当在招标文件中明确规定。

评标委员会对各个评审因素进行量化时，应当将量化指标建立在同一基础或者同一标准上，使各投标文件具有可比性。

对技术部分和商务部分进行量化后，评标委员会应按招标文件规定的权重计算出每一投标人的综合得分。

根据综合评估法完成评标后，评标委员会应填写综合评估打分表，连同书面评标报告提交招标人。

根据招标文件的规定，允许投标人投备选标的，评标委员会可以对中标人所投的备选标进行评审，以决定是否采纳备选标。不符合中标条件的投标人的备选标不予考虑。

2. 详细评审的程序

（1）施工组织设计评审和评分　按照评标办法前附表中规定的分值设定、各项评分因素、评分标准，对施工组织设计进行评审和评分，并使用表4-9记录对施工组织设计的评分结果。施工组织设计的得分记录为 A。

表 4-9　施工组织设计评审记录表

工程名称：（项目名称）标段

序号	评分项目	标准分	投标人名称代码							
1	内容完整性和编制水平									
2	工程概况与重点、难点分析									
3	质量管理体系与措施									

序号	评分项目	标准分	投标人名称代码						
4	安全管理体系与措施								
5	环境保护管理体系与措施								
6	工程进度计划与措施								
7	资源配备计划								
8	……								
	施工组织设计得分合计 A								

评标委员会全体成员签名：
日期：　　年　月　日

（2）项目管理机构评审和评分　按照评标办法前附表中规定的分值设定、各项评分因素、评分标准，对项目管理机构进行评审和评分，并使用表 4-10 记录对项目管理机构的评分结果。项目管理机构的得分记录为 B。

表 4-10　项目管理机构评审记录表

工程名称：（项目名称）标段

序号	评分项目	标准分	投标人名称代码						
1	项目经理任职资格与业绩								
2	技术负责人任职资格与业绩								
3	其他主要人员								
4	……								
	项目管理机构得分合计 B								

评标委员会全体成员签名：
日期：　　年　月　日

（3）投标报价评审和评分

① 按照评标办法前附表中规定的方法计算评标基准价。

② 按照评标办法前附表中规定的方法，计算各个已通过施工组织设计评审和项目管理机构评审，并且经过评审认定为不低于其成本的投标报价的偏差率。

③ 按照评标办法前附表中规定的评分标准，对照投标报价的偏差率，分别对各个投标报价进行评分，并使用表 4-11 记录对投标报价的评分结果。投标报价的得分记录为 C。

笔记栏

表 4-11　投标报价评审记录表

工程名称：（项目名称）标段　　　　　　　　　　　　　　　　　　　　　单位：人民币（元）

项　目	投标人名称代码					
投标报价						
偏差率						
投标报价得分 C						
基准价						
标底（如果有）						

评标委员会全体成员签名：

日期：　　年　月　日

（4）其他因素评审和评分

1）根据评标办法前附表中规定的分值设定、各项评分因素和相应的评分标准，对其他因素（如果有）进行评审和评分，并使用表 4-12 记录对其他因素的评分结果。其他因素的得分记录为 D。

表 4-12　其他因素评审记录表

工程名称：（项目名称）标段

序号	评分项目	标准分	投标人名称代码					
	……							
	……							
	……							
	……							
其他因素得分合计 D								

评标委员会全体成员签名：

日期：　　年　月　日

2）澄清、说明或补正。在详细评审过程中，评标委员会应当就投标文件中不明确的内容要求投标人进行澄清、说明或者补正。投标人对此应以书面形式予以澄清、说明或者补正。

（5）汇总评分结果

1）评标委员会成员应按照表 4-13 的格式填写详细评审评分汇总表。

表 4-13　详细评审评分汇总表

工程名称：（项目名称）标段

序号	评分项目	分值代码	投标人名称代码					
1	施工组织设计	A						
2	项目管理机构	B						
3	投标报价	C						
4	其他因素	D						
	详细评审得分合计							

评标委员会全体成员签名：

日期：　　年　月　日

2）详细评审工作全部结束后，按照表 4-14 的格式汇总各个评标委员会成员的详细评审评分结果，并按照详细评审最终得分由高至低的次序对投标人进行排序。

表 4-14　评标委员会详细评审评分结果汇总表

工程名称：（项目名称）标段

评委姓名	投标人名称（或代码）及其得分					
各评委评分合计						
各评委评分平均值						
投标人最终排名次序						

评标委员会全体成员签名：

日期：　　年　月　日

3. 技术标评审

技术标评审方法应符合现行的国家和地方招标投标有关法规、政策、管理办法的规定。技术标评审可包括施工组织设计、技术能力、业绩评价、企业信用评价、项目负责人答辩等，具体要求应在招标文件中明确。

1）技术能力评价应按招标文件要求和工程实际，依据技术工人、技术储备的规定，对企业的技术工人配置情况、技术储备（技术标准、施工方法、园林专业设计人员与二次深化设计能力），以及项目负责人和技术负责人的技术职称与能力进行评审。

2）业绩评价应按招标文件要求，对企业和项目负责人所承担的类似工程业绩、履约记录、质量评价等相关证明进行审核和评价。

3）企业信用评价应按招标文件要求的评价标准，对投标人市场主体信用进行评审。

4）项目负责人答辩应由评标委员会根据招标文件及工程要求进行组织，可采用笔试或面试等形式，主要内容为工程特点、关键环节、关键技术、专项方案、质量与进度控制等，以及从事专业技术的管理经验和能力。

4. 报价评审

1）报价评审方法应符合现行的国家和地方招标投标有关法规、政策、管理办法的规定，并在招标文件和相应公告中明确。

2）投标报价应当依据工程量清单、工程计价有关规定、企业定额和市场价格信息等编制；投标报价不得低于工程成本，不得高于最高投标限价。评标委员会应对显著低于招标控制价的报价文件进一步进行评审、比较，以确定其是否低于成本价。

3）投标报价低于工程成本或高于最高投标限价总价的，评标委员会应否决其投标。

评标委员会在评标过程中发现的问题，应当及时作出处理或者向招标人提出处理建议，并作书面记录。

（五）编制评标报告

1. 评标报告内容

评标委员会完成评标后，应当向招标人提出书面评标报告，并抄送有关行政监督部门。评标报告应当如实记载以下内容。

1）基本情况和数据表。

2）评标委员会成员名单。

3）开标记录。

4）符合要求的投标一览表。

5）否决投标的情况说明。

6）评标标准、评标方法或者评标因素一览表。

7）经评审的价格或者评分比较一览表。

8）经评审的投标人排序。

9）推荐的中标候选人名单与签订合同前要处理的事宜。

10）澄清、说明、补正事项纪要。

2. 评标报告签字

评标报告由评标委员会全体成员签字。对评标结论持有异议的评标委员会成员，可以书面方式阐述其不同意见和理由。评标委员会成员拒绝在评标报告上签字且不陈述其不同意见和理由的，视为同意评标结论。评标委员会应当对此作出书面说明，并记录在案。

向招标人提交书面评标报告后，评标委员会应将评标过程中使用的文件、表格以及其他资料及时归还招标人。评标报告（范本）见表4-15。

表 4-15 评标报告（范本）

工程名称				
建设单位				
开标日期			开标地点	
建设规模			最高控制价	
招标单位			招标方式	
合格投标单位及投标报价	1			
	2			
	3			
	4			
	5			
	6			
废标的投标人名称及原因				
评标专家意见				
中标候选人、项目经理及中标价	1			
	2			
	3			
专家签字栏			专家职称	
1				
2				
3				
4				
5				

评标监督：

项目评标委员会：

日期： 年 月 日

笔记栏

（六）推荐中标候选人或直接确定中标人

1. 推荐中标候选人

评标委员会推荐的中标候选人应当限定在 1 ~ 3 人，并标明排列顺序。

2. 直接确定中标人

招标人可以授权评标委员会直接确定拟中标候选人，并将其按综合得分由高至低的次序排列，排名第一的为中标人。

（七）特殊情况的处置程序

1. 评标活动暂停

1）评标委员会应当按评标办法中规定的程序、内容、方法、标准完成全部评标工作。只有发生不可抗力导致评标工作无法继续时，评标活动方可暂停。

2）发生评标暂停情况时，评标委员会应当封存全部投标文件和评标记录，待不可抗力的影响结束且具备继续评标的条件时，由原评标委员会继续评标。

2. 评标中途更换评标委员会成员

笔记栏

1）除非发生下列情况之一，评标委员会成员不得在评标中途更换。

① 因不可抗拒的客观原因，不能到场或需在评标中途退出评标活动。

② 根据法律法规规定，需要回避的。

2）退出评标的评标委员会成员，其已完成的评标行为无效，由招标人根据招标文件规定的评标委员会成员产生方式另行确定替代者进行评标。

3. 记名投票

在任何评标环节中，需评标委员会就某项定性的评审结论做出表决的，由评标委员会全体成员按照少数服从多数的原则，以记名投票方式表决。

四、重新招标

（一）重新招标的概念

重新招标是终止或者否决已经进行的招标投标活动，招标人对同一项目开始重新组织招标的行为。

（二）重新招标的情形

《招标投标法》及《实施条例》规定，下列情况应当重新招标。

1）通过资格预审的申请人少于 3 个的，应当重新招标。重新招标的方式有：再组织资格预审；直接采用资格后审。首先要分析申请人少于 3 个的不同原因，以作出相应改进。

2）招标人编制的资格预审文件、招标文件的内容违反法律、行政法规的强制性规定，违反公开、公平、公正和诚实信用原则，影响资格预审结果或者潜在投标人投标的，依法必须进行招标的项目，其招标人应当在修改资格预审文件或者招标文件后重新招标。

3）投标人少于3个的，不得开标，招标人应当重新招标。投标人人数过少则缺乏竞争性，与招标投标竞争缔约目的相背离，故招标应当重新进行。

4）国有资金占控股或者主导地位的依法必须进行招标的项目，招标人应当确定排名第一的中标候选人为中标人。排名第一的中标候选人放弃中标、因不可抗力不能履行合同、不按照招标文件要求提交履约保证金，或者被查实存在影响中标结果的违法行为等情形，不符合中标条件的，招标人可以按照评标委员会提出的中标候选人名单排序依次确定其他中标候选人为中标人，也可以重新招标。

5）依法必须进行招标的项目，其招标投标活动违反《招标投标法》和《实施条例》的规定，对中标结果造成实质性影响，且不能采取补救措施予以纠正的，招标、投标、中标无效，应当依法重新招标或者评标。

6）依法必须进行招标的项目，其所有投标均被否决后，招标人应当依照《招标投标法》重新招标。评标委员会经评审，认为所有投标不能够最大限度地满足招标文件中规定的各项综合评价标准和招标文件的实质性要求，可以否决所有投标，依法必须进行招标的项目只能重新招标。

7）依法必须进行招标的项目违反法律法规规定，中标无效的，应当依照中标条件重新确定中标人或者重新进行招标。

8）招标人或者招标代理机构因违反法律法规规定导致招标无效的，应当重新招标。

9）依法必须进行招标的项目，同意延长投标有效期的投标人少于3个的，招标人在分析招标失败的原因并采取相应措施后，应当重新招标。

【任务实施】

1. 判断评标委员会组建是否正确并说明理由

正确，符合组建评标委员会要求。

2. 判断投标人B、D、E、F投标是否为有效标并说明理由

①B投标人的投标是有效标。

理由：B投标人的投标报价大写金额小于小写金额，属于细微偏差，细微偏差修正后仍属于有效标书（应以大写金额为准）。

②D投标人的投标不是有效标。

理由：D投标人的投标文件格式不符合招标文件的要求，属于未对招标文件作出实质性响应。

③E 和 F 投标人的投标不是有效标。

理由：E 和 F 投标人的投标文件中，造价工程师为同一个人，经过与投标人进行联系确认后，投标人自己承认为同一人，按照法律规定应取消两个投标人的投标资格。

3. 推荐合格的中标候选人并填写评标报告

经过初步评审，D、E、F 投标人的投标报价不能参加商务标基准价计算。基准价（A、B、C、G、H 五家投标人投标报价的算数平均数）=（2450+2560+2270+2580+2190）万元 /5=2410 万元，五家投标单位商务标得分汇总表见表 4-16。

A 投标人投标报价得分 $[55-(2450-2410)/2410 \times 100 \times 1]$=53.34 分

B 投标人投标报价得分 $[55-(2560-2410)/2410 \times 100 \times 1]$=48.78 分

C 投标人投标报价得分 $[55-(2270-2410)/2410 \times 100 \times 0.5]$=52.10 分

G 投标人投标报价得分 $[55-(2580-2410)/2410 \times 100 \times 1]$=47.95 分

H 投标人投标报价得分 $[55-(2190-2410)/2410 \times 100 \times 0.5]$=50.44 分

表 4-16　五家投标单位商务标得分汇总表

评分项目及分值		投标单位				
		A	B	C	G	H
投标报价（60分）	报价（55分）	53.34	48.78	52.10	47.95	50.44
	投标报价合理性（5分）	4.5	4.0	4.5	3.5	4.5
商务得分		57.84	52.78	56.60	51.45	54.94

计算各投标人的综合得分，计算结果见表 4-17。

表 4-17　综合得分计算表

投标单位	工程概况与重点、难点分析	质量管理体系与措施	安全管理体系与措施	环境保护管理体系与措施	工程进度计划与措施	资源配备计划	财务状况	业绩	商务得分	综合得分
A	9.5	7.0	3.5	2.5	5.5	2.5	2.5	2.5	57.84	93.34
B	9.0	7.5	3.5	2.0	5.0	2.0	2.5	2.5	52.78	86.78
C	8.5	7.0	3.0	2.0	6.0	2.5	2.0	2.0	56.60	89.60
D										否决
E	9.0	8.0	3.5	2.5	5.0	2.5	2.0	1.0		否决
F	8.0	7.0	3.0	1.5	4.0	2.0	2.0	1.5		否决
G	8.5	5.5	2.5	1.0	5.5	2.0	2.5	2.5	51.45	81.45
H	9.0	7.5	3.5	2.5	3.5	2.5	2.5	1.0	54.94	86.94

推荐中标候选人并排序：第一名 A 投标人；第二名 C 投标人；第三名 H 投标人。

填写评标报告，见表 4-18。

表 4-18 评标报告

工程名称		山地公园园林绿化工程			
建设单位		××市政府			
开标日期		2019 年 3 月 22 日	开标地点	××市建设管理中心	
建设规模		绿化面积 115000m²	最高控制价	2600 万元	
招标单位		××招投标有限公司	招标方式	公开招标	
合格投标单位及投标报价	1	A	投标报价 2450 万元		
	2	C	投标报价 2270 万元		
	3	H	投标报价 2190 万元		
	4	B	投标报价 2560 万元		
	5	G	投标报价 2580 万元		
废标的投标人名称及原因		D 投标人的投标文件格式不符合招标文件的要求，属于未对招标文件作出实质性响应 E 和 F 投标人的投标文件中，造价工程师为同一个人，经过与投标人进行联系确认后，投标人自己承认为同一人，按照法律规定取消 E 和 F 投标人的投标资格			
评标专家意见		评标程序符合招标文件要求			
中标候选人、项目经理及中标价	1	A 投标人	项目经理（姓名）	中标价 2450 万元	
	2	C 投标人	项目经理（姓名）	中标价 2270 万元	
	3	H 投标人	项目经理（姓名）	中标价 2190 万元	
	专家签字栏		专家职称		
1					
2					
3					

评标监督：

项目评标委员会：

日期：_____年___月___日

【任务考核】

园林工程评标考核见表 4-19。

笔记栏

表 4-19　园林工程评标考核表

序号	考核项目	评分标准	配分	得分	备注
1	组建评标委员会	评标委员会组建合法	20		
2	初步评审	初步评审合法	20		
3	详细评审	评审合法合规、准确	20		
4	推荐或确定拟中标候选人	结果正确	20		
5	评标报告	填写正确	20		
总分			100		

实训指导教师签字：　　　　　　　　　　　　　　　　　年　月　日

【巩固练习】

笔记栏

　　某市政府采用通用技术进行 ×× 公园改造项目苗木补植工程，采用公开招标方式选择承包商。招标文件规定：投标报价总分60分，招标控制价820万元。评分标准中，将通过符合性评审的有效投标单位的投标报价取平均值后 ×98% 作为基准值。投标报价与基准值相比的偏差率，每高1% 扣2分，每低1% 扣1分。招标人共收到 8 家绿化公司投标，投标报价情况见表 4-20。

表 4-20　投标报价情况表

投标单位	A	B	C	D	E	F	G	H
报价/万元	798	805	822	763	788	769	793	756

　　请根据评分标准计算各家绿化公司的投标报价得分。

任务三　园林工程定标

【任务描述】

　　某政府投资建设的绿化工程通过公开招标方式进行施工招标。招标文件中规定，中标人与招标人签订合同后三天内提交中标合同金额的 10% 作为履约保证金。2019 年 4 月 8 日，评标委员会根据招标文件评标方法进行评标，最后向招标人提交了评标报告和推荐的中标候选人，中标候选人排名顺序为 B 公司、A 公司、C 公司。2019 年 4 月 9 日，招标人公示了 B 公司为中标候选人。4 月 12 日，招标人确定 B 公司中标。4 月 19 日，招标人向 B 公司发出中标通知书。5 月 22 日，招标人与 B 公司签订合同，并将中标结果通知 A、C 公司；但 B 公司未按照招标文件规定期限提交履约保证金。5 月 29 日，招标人根据评标委员会提交的评标报告中的排名顺序向 A 公司发出中标通知书；6 月 3 日，招标人与 A 公司签订合同，并要求 A 公司将绿化工程养护期延长一年。6 月 10 日，招标人向中标和未中标的投标人退还投标保证金。

任务点

招标人在定标工作中有哪些不妥之处？请逐一说明理由。

【任务分析】

招标项目定标是在评标结束之后、中标通知书发出之前所进行的招标工作，主要包括中标候选人公示、确定中标人、发出中标通知书等程序。在定标之后、合同签订之前的阶段称为中标环节。评标是招标项目的关键，中标是招标项目的结果，定标是这两个环节之间的过渡，评标、定标、中标集中体现了招标环节的逻辑性、关联性和严谨性。在实际项目中，定标和中标环节容易出现各类问题，因此这两个环节是招标项目重要的风险控制点。防范和处理好这两个环节出现的问题，对于园林工程项目的顺利进行具有重要意义。

【知识准备】

一、园林工程定标概述

（一）定标的概念
定标是指根据评标结果产生中标（候选）人。

（二）公示中标候选人
《实施条例》第五十四条规定，依法必须进行招标的项目，招标人应当自收到评标报告之日起 3 日内公示中标候选人，公示期不得少于 3 日。招标人在公示中标候选人时，应当公示全部的中标候选人，而不是仅限于排名第一的中标候选人。投标人或者其他利害关系人对依法必须进行招标的项目的评标结果有异议的，应当在中标候选人公示期间提出。招标人应当自收到异议之日起 3 日内作出答复；作出答复前，应当暂停招标投标活动。

定标

（三）定标方式

《招标投标法》第四十条规定，招标人根据评标委员会的书面评标报告和推荐的中标候选人确定中标人，招标人也可以授权评标委员会直接确定中标人。因此，确定中标人的方式有两种：一种是未经授权的评标委员会向招标人推荐中标候选人；另一种是经招标人授权的评标委员会直接确定中标人。

（四）定标规则

1）按照评标委员会推荐的中标候选人，排序第一的中标候选人即为中标人；名次并列时，招标文件通常规定投标报价得分较高者排在前面。招标人不得在中标候选人之外确定中标人。

2）排名第一的中标候选人放弃中标、因不可抗力提出不能履行合同，或者招标文件规定应当提交履约保证金而在规定的期限内中标候选人未能提交的，招标人可以确定排名第二的中标候选人为中标人。

3）排名第二的中标候选人因前款规定的同样原因不能签订合同的，招标人可以确定排名第三的中标候选人为中标人。排名第三的中标候选人因前款规定的同样原因不能签订合同的，招标人应当依法重新组织招标。

4）无论采用何种定标途径、定标模式、评标方法，招标人都不得在评标委员会依法推荐的中标候选人之外确定中标人，也不得在所有投标被评标委员会否决后自行确定中标人，否则中标无效，招标人还会受到相应处罚。对于非法定招标项目，若采用公开招标或邀请招标，那么招标人如果在评标委员会依法推荐的中标候选人之外确定中标人的，也将承担法律责任。

二、发出中标通知书

中标通知书对招标人和中标人都具有法律效力。中标通知书发出后，招标人改变中标结果，或者中标人放弃中标项目的，应当依法承担法律责任。

中标通知书的主要内容应包括：中标工程名称、中标价格、工程范围、工期、开工及竣工日期、质量等级等。

中标通知书

（中标人名称）：　　　　　　　　　　　　　编号：

你方于（投标日期）所提交的（项目名称）投标文件已被我方接受，被确定为中标人。请你单位代表持本通知书及相关资料到（签合同地点）与我方签订承包合同。在此之前按照（招标文件规定）向我方提交履约担保。

附表：工程概况及工程内容（表4-21）。

表 4-21 工程概况及工程内容

项目名称		工程性质		资金来源	
建设地址					
工程规模					
中标说明					
承诺事项	开工		竣工	日历工期	质量标准
资质等级	项目经理		职称		
中标金额				小写	
中标措施费（万元）	规费（万元）		中标平均价（元/平方米）		投标暂估价（万元）
需要说明的事项					

招标人（签章）　　　　　　招标代理（签章）　　　　　监督部门（备案专用章签章）

法人代表（签章）　　　　　法人代表（签章）　　　　　经办人

　　　年 月 日　　　　　　　　　年 月 日　　　　　　　　　年 月 日

三、签订合同

招标人和中标人应当依照《民法典》《招标投标法》和《实施条例》的规定签订书面合同，合同的标的、价款、质量、履行期限等主要条款应当与招标文件和中标人的投标文件的内容一致。招标人和中标人不得再行订立背离合同实质性内容的其他协议。

招标人和中标人应当自中标通知书发出之日起30日内，根据招标文件和中标人的投标文件订立书面合同。发出中标通知书后，招标人无正当理由拒签合同的，招标人应向中标人退还投标保证金及银行同期存款利息；给中标人造成损失的，还应当赔偿损失。

四、提交履约保证金

《招标投标法》第四十六条规定，招标文件要求中标人提交履约保证金的，中标人应当提交。

履约保证金是招标人要求投标人在接到中标通知书后提交的保证履约合同

笔 记 栏

义务的担保，中标人不履行合同义务的，招标人将按照合同约定扣除其全部或者部分履约保证金，或者由担保人承担担保责任。招标人要求中标人提交履约保证金的，中标人以及联合体的中标人应当按招标文件有关规定的金额、担保形式提交。向招标人提交履约担保的形式有现金、支票、银行保函和履约担保书、银行汇票等，可以选择其中的一种，一般采用银行保函和履约担保书。履约保证金不得超过中标合同金额的 10%。

履约保证金通常作为合同订立的条件，要在合同签订前提交。中标后的承包人应保证其履约担保在发包人颁发工程接收证书前一直有效。发包人应在工程接收证书颁发后 28 天内把履约保证金退还给承包人。

五、投标保证金的退还

招标人与中标人签订合同后 5 日内向中标人和未中标的投标人退还投标保证金及银行同期存款利息。

笔 记 栏

根据《实施条例》的规定，以下情形投标保证金不予退还。

1）投标截止后投标人撤销投标文件。

2）中标人无正当理由不与招标人订立合同。

3）中标人在签订合同时向招标人提出附加条件。

4）不按照招标文件要求提交履约保证金。

六、履行合同

中标人应当按照合同约定履行义务，完成中标项目。中标人不得向他人转让中标项目，也不得将中标项目肢解后分别向他人转让。中标人按照合同约定或者经招标人同意，可以将中标项目的部分非主体、非关键性工程分包给他人完成。接受分包的人应当具备相应的资格条件，且不能再次分包。中标人应当就分包项目向招标人负责，接受分包的人就分包项目承担连带责任。招标人发现中标人转包或违法分包的，应当要求中标人改正；拒不改正的，可终止合同，并报请有关行政监督部门查处。

【任务实施】

招标人在定标工作中的不妥之处分析如下。

① "2019 年 4 月 9 日，招标人公示了 B 公司为中标候选人" 不妥。

理由：招标人在公示中标候选人时，应当公示全部的中标候选人，而不是仅限于排名第一的中标候选人。因此，除公示 B 公司外，还应公示 A、C 公司。

② "5月22日，招标人与B公司签订合同，并将中标结果通知A、C公司"不妥。

理由：中标人确定后，招标人应当在向中标人发出中标通知书的同时，将中标结果通知所有未中标的投标人。

③ "6月3日，招标人与A公司签订合同，并要求A公司将绿化工程养护期延长一年"不妥。

理由：招标人和中标人应当依照《民法典》《招标投标法》和《实施条例》的规定签订书面合同，合同的标的、价款、质量、履行期限等主要条款应当与招标文件和中标人的投标文件的内容一致。招标人和中标人不得再行订立背离合同实质性内容的其他协议。

④ "6月10日，招标人向中标和未中标的投标人退还投标保证金"不妥。

理由：招标人最迟应当在书面合同签订后5日内退还投标保证金及银行同期存款利息。6月3日至6月10日超过5日，而且招标人没有退还银行同期存款利息。另外，因B公司未按照招标文件规定期限提交履约保证金，属于违约，因此招标人应没收B公司的投标保证金。

【任务考核】

园林工程施工定标考核见表4-22。

表4-22 园林工程施工定标考核表

序号	考核项目	评分标准	配分	得分	备注
1	公示中标候选人	公示结果、时间正确	20		
2	发出中标通知书	通知书填写内容规范	20		
3	签订合同	程序、内容正确	20		
4	提交履约保证金	履约保证金提交符合要求	20		
5	投标保证金的退还	投标保证金的退还金额计算正确，时间符合要求	20		
总分			100		

实训指导教师签字：   年 月 日

【巩固练习】

某政府园林绿化工程施工项目招标，评标委员会经过评审，确定了A园林绿化公司为中标单位。招标代理机构向中标单位发出中标通知书后，中标单位 A 多次与招标人沟通签订合同事宜，由于招标人对中标单位 A 持有不同意见，以各种借口推诿中标单位 A，导致双方在中标通知书发出后 30 日内没有签订施工合同。

请问中标单位 A 应该通过什么途径维护合法权益？

💡 本项目职业素养提升要点

园林工程开标、评标、定标都有严格的程序和规则，评标委员会根据招标文件的评标标准和评标方法对投标文件进行详细评审。在学习过程中，应善于发现评标标准和评标方法中的得分点和突破口，以提高中标概率。

笔记栏

项目五　园林工程合同管理

【项目概述】

　　园林工程合同是园林工程建设质量控制、进度控制、投资控制的主要依据。合同管理是指企业根据法律、法规和自身的职责，对其所参与的建设工程合同的谈判、签订和履行全过程进行的组织、指导、协调和监督。合同管理是全过程的、系统的、动态的。在市场经济条件下，建设市场主体之间相互的权利义务关系主要通过合同确立，因此，在建设领域加强对园林工程合同的管理具有十分重要的意义。

【知识目标】

　　1）掌握园林工程合同的概念、特点、类型。
　　2）掌握合同签订、管理的基本内容。
　　3）掌握《建设工程施工合同（示范文本）》（GF—2017-0201）的内容。

【技能目标】

　　1）能根据园林工程的具体情况编制园林工程合同。
　　2）能完成园林工程合同的签订。
　　3）能根据园林工程施工过程完成合同的变更。
　　4）能根据园林工程特点进行合同管理。

任务一　合同基础知识

【任务描述】

　　某园林绿化公司甲中标某公园绿化工程，因着急要在春季把绿化苗木栽植完毕，于是向乙、丙两家绿化苗圃公司发出函电。函电中称："我公司急需 500 株胸径 10cm 玉兰树种，如贵公司有此规格的树种，请速来函电，我公司愿派人前去购买。"乙、丙两公司在收到函电后，先后向甲公司回复了函电，在函电中告知他们有符合要求的玉兰树种，且告知了树种的价格；而乙公司在发出函电的同时，派车给甲公司送去了 500 株胸径 10cm 玉兰树种。在该批苗木送达之前，甲公司得知丙公司的苗木质量较好，而且价格合理，因此，向丙公司致电称："我公司愿购买贵公司的 500 株胸径 10cm 玉兰树种，盼速发货，运费由我公司承担。"在发出函电的第 2 天上午，丙公司发函称已准备发货。下午，乙公司将500 株胸径 10cm 玉兰树种运到甲公司，甲公司告知乙公司，他们已决定购买丙公司的苗木，因此不能购乙公司的苗木。乙公司认为，甲公司拒收苗木的行为已构成违约，双方协商不成，乙公司向法院起诉。

任务点

1. 甲公司向乙、丙两公司分别发函的行为，在《民法典》中属于什么行为？

2. 乙、丙两公司的复函行为是什么行为？

3. 甲公司第二次向丙公司发函的行为是什么行为？

4. 甲公司与丙公司之间的买卖合同是否成立？为什么？

5. 甲公司与乙公司之间的买卖合同是否成立？为什么？

6. 甲公司有无义务接受乙公司的苗木？本案中乙公司的损失应由谁承担？

笔记栏

【任务分析】

在工程建设中，合同有着特殊的地位和作用，它是合同双方在工程中各种经济活动的依据，规定了双方的经济关系；是工程建设过程中合同双方的最高行为准则，将工程所涉及的生产、材料和设备供应、运输、各专业施工的分工协作关系联系起来，协调并统一工程各参加者的行为，是解决工程建设中争议的依据。为保证签订的合同严谨、缜密，必须要掌握合同的基本知识。

【知识准备】

一、合同的概念

合同是指具有平等民事主体资格的当事人为了达到一定目的，在自愿、平等和协商一致的基础上设立、变更、终止民事权利义务关系而达成的协议。

二、合同的形式

合同的形式是指订立合同的双方当事人对合同的内容、条款，经过协商，作出共同的意思表示的外在表现方式。合同的形式有书面形式、口头形式、公证形式、鉴证形式、批准形式、登记形式。书面形式是指合同书、信件和数据电文（包括电报、电传、传真、电子数据交换和电子邮件）等可以有形地表现所载内容的形式。口头形式是指当事人双方用对话方式表达相互之间达成的协议。公证形式是当事人约定或者依照法律规定，由国家公证机关对合同内容加以审查公证的形式。鉴证形式是当事人约定或依照法律规定，由国家合同管理机关对合同内容的真实性和合法性进行审查的形式。批准形式是指法律规定某些类别的合同须采取经国家有关主管机关审查批准的一种合同形式。登记形式是指当事人约定或依照法律规定，采取将合同提交至国家登记主管机关登记的形式。

三、合同的内容

合同的内容就是对合同当事人权利义务的具体规定，在法律允许的范围内由双方当事人自行约定，一般包括以下部分。

1. 当事人的名称或者姓名和住所

这是合同必须具备的条款，当事人是合同的主体。合同中不仅要把应当规定的当事人都规定到合同中去，而且要把各方当事人名称或者姓名和住所都规定准确、清楚，这样有利于合同的顺利履行和确定诉讼管辖。

2. 标的

标的是合同当事人的权利义务指向的对象。标的是合同成立的必要条件，是合同的必备条款。没有标的，合同不能成立，合同关系无法建立。合同标的形式为有形财产、无形财产、劳务、工作成果。合同对标的的规定必须清楚明白、准确无误，对于名称、型号、规格、品种、等级、花色等都要约定得细致、准确、清楚，防止出现差错。

3. 数量

数量是合同的重要条款。合同的数量要准确，选择使用合同各方共同接受的计量单位、计量方法和计量工具。根据不同情况，要求不同的精确度，以及允许的尾差、磅差、超欠幅度、自然耗损率等。

4. 质量

质量是标的的内在品质和外观形态的综合指标。合同中对质量方面的规定要

笔记栏

合同内容

尽量细致、准确和清楚。国家有强制性标准规定的，必须按照规定的标准执行。如有其他质量标准的，应尽可能约定其适用的标准。当事人可以约定质量检验的方法、质量责任的期限和条件、对质量提出异议的条件与期限等。

5. 价款或者报酬

价款或者报酬，是一方当事人向对方当事人所付代价的货币支付。价款一般指对提供财产的当事人支付的货币，如买卖合同的货款、租赁合同的租金、借款合同中借款人向贷款人支付的本金和利息等。报酬一般是指对提供劳务或者工作成果的当事人支付的货币，如运输合同中的运费、保管合同与仓储合同中的保管费以及建设工程合同中的勘察费、设计费和施工工程款等。如果有政府定价和政府指导价的，要按照规定执行。

6. 履行期限

履行期限是指合同中规定的当事人履行自己义务（如交付标的物、价款或者报酬，履行劳务、完成工作）的时间界限。履行期限直接关系到合同义务完成的时间，涉及当事人的期限利益，也是确定合同是否按时履行或者迟延履行的客观依据。工程建设合同中承包方的履行期限是从开工到竣工的时间。

7. 履行地点和履行方式

履行地点是指当事人履行合同义务和对方当事人接受履行义务的地点。不同的合同，履行地点有不同的特点。在工程建设合同中，建设项目所在地为履行地点。运输合同中，从起运地运输到目的地为履行地点。履行地点有时是确定运费由谁负担、风险由谁承担以及所有权是否转移、何时转移的依据。履行地点也是在发生纠纷后确定由哪一地法院管辖的依据。因此，履行地点在合同中应当规定得明确、具体。

履行方式是指当事人履行合同义务的具体做法。不同的合同，决定了履行方式的差异。履行方式与当事人的利益密切相关，要从方便、快捷和防止欺诈等方面考虑采取最为适当的履行方式，并且在合同中应当明确规定。

8. 违约责任

违约责任是指当事人一方或者双方不履行合同或者不适当履行合同，依照法律的规定或者按照当事人的约定应当承担的法律责任。违约责任是促使当事人履行合同义务，使对方免受或少受损失的法律措施，也是保证合同履行的主要条款。

9. 解决争议的方法

解决争议的方法指合同争议的解决途径，对合同条款发生争议时的解释以及适用法律等。解决争议的途径主要有以下几种：一是双方通过协商和解；二是由

笔 记 栏

第三方进行调解；三是通过仲裁解决；四是通过诉讼解决。

四、合同的订立

　　合同的订立是指缔约当事人相互为意思表示并达成合意而订立了合同。合同的订立由"订"和"立"两个阶段组成。"订"强调缔约的行为和过程，"立"是缔约各方接触、洽商的过程。合同订立是动态过程，而合同成立是静态协议。

　　要约和承诺是订立合同的两个基本程序，建设工程合同订立是通过招标和投标完成这两个程序的。

　　1. 要约

　　（1）要约的概念及其条件　　要约是指一方当事人向他人作出的以一定条件订立合同的意思表示。前者称为要约人，后者称为受要约人。要约要取得法律效力，应该具备如下条件。

合同要约与
要约邀请

　　1）要约是由特定人作出的意思表示。

　　2）要约必须具有订立合同的意图。

　　3）要约必须是向相对人发出的意思表示。

　　4）要约的内容必须具体、确定。

　　要约的目的在于取得相对人的承诺，建立合同关系。要约能否为相对人所接受，关键在于拟订立的合同对其亦有利。因此，要约除须表明要约人订立合同的愿望以外，还须表明拟订立合同的主要条款，如标的、数量和质量、价款或报酬、履行期限、地点和方式、违约责任、争议的处理方法以及要求对方答复的期限等，以供被要约人考虑是否承诺。

　　（2）要约邀请　　要约邀请是指行为人邀请他人向自己提出要约的意思表示。要约邀请不是合同订立的必要程序，仅是当事人订立合同的一种预备行为，因而不具有法律意义，即对行为人不具法律约束力。要约邀请的目的是为了唤起别人的注意，但它本身不是要约而是邀请他人向自己提出要约。由此而发的要约，须经发出要约邀请的一方表示承诺，合同才能成立。在实际生活中，拍卖公告、招标公告、寄送商品目录及价目表、广告等，都是较为常见的要约邀请形式。

　　（3）要约的形式　　要约作为一种意思表示，可以以书面形式作出，也可以以对话形式作出。书面形式，包括信函、电报、电子传真等函件。法律规定某种要约必须采用书面形式的，应依照法律规定；无法律规定的，当事人可视具体合同自由选择要约形式。

　　（4）要约的法律效力和要约的撤回、撤销　　要约的生效时间因要约形式的不同而有所不同。对话形式的要约自受要约人了解时发生效力；书面形式的要约于

笔记栏

到达受要约人时生效。采用数据电文式订立合同，收件人指定特定系统接收电文的，该数据电文进入该特定系统的时间，视为到达时间；未指定特定系统的，该数据电文进入收件人的任何系统的首次时间，视为到达时间。

要约撤回，是指在要约生效之前，要约人使要约不发生法律效力的行为。为了尊重要约人的意志和保护要约人的利益，《民法典》第四百七十五条规定，要约可以撤回。撤回要约的通知应当在要约到达受要约人之前或者与要约同时到达受要约人。

要约撤销，是指要约人在要约生效后，使要约的法律效力归于消灭的意思表示。

1）出现下列情形时，要约可以撤销。

① 拒绝要约的通知到达要约人的。

② 要约人依法撤销要约的。

③ 承诺期限届满，受要约人未作出承诺的。

④ 受要约人对要约的内容作出实质性变更的。

⑤ 要约人死亡或丧失民事行为能力，或者作为法人的要约人被撤销的。

2）出现下列情形时，要约不得撤销。

① 要约人确定了承诺期限或者以其他方式明示要约不可撤销。

② 受要约人有理由认为要约是不可撤销的，并已经为履行合同做了准备工作。

2. 承诺

（1）承诺的概念及其条件　承诺，是指受要约人在合理期限内完全同意要约内容的意思表示。有效的承诺必须具备如下条件。

1）承诺必须由受要约人作出。

2）承诺必须是在合理期限内向要约人发出。

3）承诺必须与要约的内容相一致。

（2）承诺的形式　作为意思表示的承诺，其表现形式应与要约相一致，即要约以什么形式作出，承诺也应以什么形式作出。

1）对于以对话形式作出要约的承诺，除要约有期限外，一般应即时作出；过后承诺的，要约人有权拒绝。

2）依法必须以书面形式订立的合同，其承诺必须以书面形式作出。要约以非对话形式作出的，承诺应当在合理期限内到达。

3）除有特别规定或约定外，沉默不能视为承诺的形式。

（3）承诺的生效时间和撤回　承诺的生效，也就意味着合同成立，因此，承

笔记栏

合同承诺

诺时间至关重要。《合同法》第二十六条规定，承诺在承诺通知到达要约人时生效。承诺不需要通知的，根据交易习惯或者要约的要求作出承诺的行为时生效。采用数据电文形式订立合同的，其承诺到达时间，与采用此种形式的要约到达时间相同。

承诺生效前可以撤回。承诺撤回的程序、要求，与要约撤回的程序、要求完全相同。

五、合同的履行

《民法典》第五百零九条规定，当事人应当按照约定全面履行自己的义务。当事人应当遵循诚信原则，根据合同的性质、目的和交易习惯履行通知、协助、保密等义务。合同生效后，当事人不得因姓名、名称的变更或者法定代表人、负责人、承办人的变动而不履行合同义务。

六、合同的变更

1）合同的变更须经当事人双方协商一致。如果双方当事人就变更事项达成一致意见，则变更后的内容取代原合同的内容，当事人应按照变更后的内容履行合同。如果一方当事人未经对方同意就改变合同的内容，不仅变更的内容对另一方没有约束力，其做法还是一种违约行为，应当承担违约责任。

2）合同变更须遵循法定程序。法律、行政法规规定变更合同事项应当办理批准、登记手续的，应当依法办理相应手续。如果没有履行法定程序，即使当事人已协议变更了合同，其变更内容也不发生法律效力。

3）合同变更的内容必须明确约定。如果当事人对于合同变更的内容约定不明确，则将被推定为未变更。任何一方不得要求对方履行约定不明确的变更内容。

七、合同权利与义务的转让

1. 合同权利的转让

（1）合同权利的转让范围　《民法典》第五百四十五条规定，债权人可以将债权的全部或者部分转让给第三人，但是有下列情形之一的除外。

1）根据债权性质不得转让。

2）按照当事人约定不得转让。

3）依照法律规定不得转让。

当事人约定非金钱债权不得转让的，不得对抗善意第三人。当事人约定金钱债权不得转让的，不得对抗第三人。

（2）合同权利的转让应当通知债务人　《民法典》第五百四十六条规定，债权人转让债权，未通知债务人的，该转让对债务人不发生效力。债权转让的通知不得撤销，但是经受让人同意的除外。

（3）从权利随同主权利转让　《民法典》第五百四十七条规定，债权人转让债权的，受让人取得与债权有关的从权利，但是该从权利专属于债权人自身的除外。受让人取得从权利，不因该从权利未办理转移登记手续或者未转移占有而受到影响。

（4）债务人对让与人的抗辩　《民法典》第五百四十八条规定，债务人接到债权转让通知后，债务人对让与人的抗辩，可以向受让人主张。抗辩权是指债权人行使债权时，债务人根据法定事由对抗债权人行使请求权的权利。债务人的抗辩权是其固有的一项权利，并不随权利的转让而消灭。因此，在权利转让的情况下，债务人可以向新债权人行使该权利。受让人不得以任何理由拒绝债务人权利的行使。

2. 合同义务的转让

合同义务转让分为两种情况：一种是合同义务的全部转让，在这种情况下，新的债务人完全取代了旧的债务人，新的债务人负责全面履行合同义务；另一种情况是合同义务的部分转让，即新的债务人加入到原债务中，与原债务人一起向债权人履行义务。债务人不论转让的是全部义务还是部分义务，都需要征得债权人同意。未经债权人同意，债务人转让合同义务的行为对债权人不发生效力。

3. 合同中权利和义务的一并转让

《民法典》第五百五十五条规定，当事人一方经对方同意，可以将自己在合同中的权利和义务一并转让给第三人。权利和义务一并转让又称为概括转让，是指合同一方当事人将其权利和义务一并转让给第三人，由第三人全部承受这些权利和义务。权利和义务一并转让的后果，导致原合同关系的消灭，第三人取代了转让方的地位，产生一种新的合同关系。只有经对方当事人同意，才能将合同的权利和义务一并转让。如果未经对方同意，一方当事人擅自一并转让权利和义务的，其转让行为无效，对方有权就转让行为对自己造成的损害，追究转让方的违约责任。

八、合同的终止

《民法典》五百五十七条规定，有下列情形之一的，债权债务终止：债务已经履行；债务相互抵销；债务人依法将标的物提存；债权人免除债务；债权债务同归于一人；法律规定或者当事人约定终止的其他情形。

合同解除的，该合同的权利义务关系终止。

1. 合同解除的特征

合同解除具有如下特征。

1）合同的解除适用于合法有效的合同，无效合同不发生合同解除。

2）合同解除须具备法律规定的条件。非依照法律规定，当事人不得随意解除合同。

3）合同解除须有解除的行为。无论哪一方当事人享有解除合同的权利，其必须向对方提出解除合同的意思表示，才能达到合同解除的法律后果。

4）合同解除使合同关系自始消灭或者向将来消灭，可视为当事人之间未发生合同关系，或者合同尚存的权利义务不再履行。

2. 合同解除的种类

（1）约定解除合同 《民法典》第五百六十二条规定，当事人协商一致，可以解除合同。当事人可以约定一方解除合同的事由。解除合同的事由发生时，解除权人可以解除合同。

（2）法定解除合同 《民法典》第五百六十三条规定，有下列情形之一的，当事人可以解除合同。

① 因不可抗力致使不能实现合同目的。

② 在履行期限届满前，当事人一方明确表示或者以自己的行为表明不履行主要债务。

③ 当事人一方迟延履行主要债务，经催告后在合理期限内仍未履行。

④ 当事人一方迟延履行债务或者有其他违约行为致使不能实现合同目的。

⑤ 法律规定的其他情形。

以持续履行的债务为内容的不定期合同，当事人可以随时解除合同，但是应当在合理期限之前通知对方。

3. 解除合同的程序

《民法典》第五百六十五条规定，当事人一方依法主张解除合同的，应当通知对方。合同自通知到达对方时解除；通知载明债务人在一定期限内不履行债务则合同自动解除，债务人在该期限内未履行债务的，合同自通知载明的期限届满时解除。对解除合同有异议的，任何一方当事人均可以请求人民法院或者仲裁机构确认解除行为的效力。

4. 建设工程合同的解除

《民法典》第八百零六条规定，承包人将建设工程转包、违法分包的，发包人可以解除合同。发包人提供的主要建筑材料、建筑构配件和设备不符合强制性标准或者不履行协助义务，致使承包人无法施工，经催告后在合理期限内仍未履行相应义务的，承包人可以解除合同。

合同解除后，已经完成的建设工程质量合格的，发包人应当按照约定支付相应的工程价款；已经完成的建设工程质量不合格的，按照以下情形处理。

1）修复后的建设工程经验收合格的，发包人可以请求承包人承担修复费用。

2）修复后的建设工程经验收不合格的，承包人无权请求参照合同关于工程价款的约定折价补偿。

发包人对因建设工程不合格造成的损失有过错的，应当承担相应的责任。

【任务实施】

1）甲公司向乙、丙两公司分别发函的行为，在《民法典》中属于要约邀请行为。

2）乙、丙两公司的复函行为是要约行为。

3）甲公司第二次向丙公司发函的行为是承诺行为。

4）甲公司与丙公司之间的买卖合同成立，符合合同要约承诺要件。

5）甲公司与乙公司之间的买卖合同不成立，只有要约，没有承诺，不符合合同成立要件。

6）甲公司没有义务接受乙公司的苗木，乙公司的损失自己承担。

【任务考核】

合同基本知识考核见表 5-1。

表 5-1　合同基本知识考核表

序号	考核项目	评分标准	配分	得分	备注
1	合同订立	符合《民法典》合同规定	40		
2	合同变更	符合《民法典》合同规定	30		
3	合同撤销	符合《民法典》合同规定	30		
	总分		100		

实训指导教师签字：　　　　　　　　　　　　　　　　　　年　月　日

【巩固练习】

背景资料：某建设单位（甲方）拟建造一处公园，采用招标方式由某施工单位（乙方）承建。甲乙双方签订的施工合同摘要如下。

（1）工程概况

工程名称：××公园。

工程地点：市区××街道。

工程内容：绿化工程、铺装工程。

（2）工程承包范围

承包范围：施工图纸及工程量清单所包括的绿化工程、铺装工程。

（3）合同工期

开工日期：2019年3月12日，竣工日期：2019年9月21日。

合同工期总日历天数：190天（扣除5月1～3日五一假期）。

（4）质量标准

工程质量标准：合格。

（5）合同价值

合同总价为：玖佰陆拾肆万捌仟元人民币（￥964.8万元）。

（6）乙方承诺的质量保修

在该项目设计规定的使用年限（50年）内，乙方承担全部保修责任。

（7）甲方承诺的合同价款支付期限与方式

1）工程预付款：于开工之日支付合同总价的10%作为预付款。

2）工程进度款：绿化工程完成后，支付合同总价的40%；铺装工程完成后，支付合同总价的40%；为确保工程如期竣工，乙方不得因甲方资金暂时不到位而停工和拖延工期。

3）竣工结算：工程竣工验收后，进行竣工结算。结算时按全部工程造价的3%扣留工程保修金。

（8）合同生效

合同订立时间：2019年3月5日。

合同订立地点：××市××区××街××号。

本合同双方约定：经双方主管部门批准及公证后生效。

笔记栏

根据上述项目资料，回答下列问题。

1. 该合同签订的条款有哪些不妥之处？应如何修改？

2. 对合同中未规定的施工单位义务，合同实施过程中又必须进行的工程内容，施工单位应如何处理？

任务二 园林工程合同类型

【任务描述】

2017 年 3 月，某市政府为进一步绿化美化城市环境，由市 ×× 区建设局（业主 A）通过公开招标，将一条市区主干道路绿化美化改造工程以总承包施工的方式，发包给园林绿化施工集团公司 B 施工建设。

B 承接整个工程的施工任务后，将其中的三部分工程项目转包给景观绿化工程设计有限公司 C。2017 年 5 月，B 与 C 签订建筑工程劳务承包合同约定：承包方式为总承包，B 配合 C 进行现场管理、技术管理，C 全权负责现场组织施工；工程款的支付与结算，实行综合单价承包，合同期内不作调整，工程量以业主 A 批复的工程量为准。B 不向 C 预付工程款，每月底验工计价，扣除 5% 质量保证金，工程税金由 B 承担。

由于 C 是家设计公司，没有相应的施工资质，因此 C 于 2017 年 6 月与施工班组（实际施工人）D 签订了一份劳务合同协议书，协议书约定：C 将承接的道路绿化工程项目承包给 D 施工，包工包料；合同价以工程量清单为准，在此基础上下调 6% 作为 C 的管理费用，单价表详见双方签字确认的附件；付款方式为 C 按照 D 每月工程进度，由项目部报业主批复后，按实际完成工程量的 90% 支付，每月余额的 10% 在工程完工后付 5%，余款 5% 作为工程质保金，两年内付清。

2017 年 12 月，因各种原因，实际施工人 D 被迫退场。经 D 与 C 书面结算，本工程总工程款为 2314178.30 元，扣除材料款 1793267.8 元，代付款 91058.00 元，借支款 298000 元，C 拖欠 D 工程款 595308 元。2018 年底，因民工上访，业主 A 支付了 D 实际施工人班组 10 万元民工工资。

截止 2019 年实际施工人 D 作为原告起诉之日，D 共被拖欠工程款 495308 元。因业主 A、总承包施工人 B、转包人 C 三被告拒绝支付剩余拖欠的工程款，遂致诉。

笔记栏

任务点

1. 在本案例中，A 与 B、B 与 C、C 与 D 分别签订的合同是否有效？
2. 在本案例中，B 与 C、C 与 D 工程款计价模式是哪种类型？

【任务分析】

一个园林工程项目从立项到投入使用，特别是大中型项目，需要经历十分复杂的过程。在这个过程中需要签订不同类型的合同。如建设初期需要签订工程勘察设计合同、施工阶段需要签订工程施工合同等。不同类型的合同在不同阶段起不同作用，如园林工程施工合同与结算有关系。因此，要掌握不同类型合同的分类标准和作用。

【知识准备】

一、园林工程合同的订立

要约和承诺是订立合同的两个基本程序，园林工程合同订立通过招标和投标这两个程序来完成。

1. 招标公告（或投标邀请书）**是要约邀请**

招标人通过发布招标公告或者发出投标邀请书吸引潜在投标人投标，希望潜在投标人向自己发出内容明确的订立合同的意思表示，因此，招标公告（或投标邀请书）是要约邀请。

2. 投标文件是要约

投标文件中含有投标人期望订立的具体内容，表达了投标人期望订立合同的意思，因此，投标文件是要约。

3. 中标通知书是承诺

中标通知书是招标人对投标文件（即要约）的肯定答复，因而是承诺。

二、园林工程合同的类型

（一）按合同签约的对象内容划分

1. 园林工程勘察设计合同

园林工程勘察设计合同是指委托方与承包方为完成特定的勘察设计任务，明确相互权利义务关系而订立的合同。

笔记栏

合同的
类型

2. 园林工程施工合同

园林工程施工合同是指发包方（建设单位）和承包方（施工人）为完成商定的施工工程，明确相互权利、义务的协议。依照施工合同，施工单位应完成建设单位交给的施工任务，建设单位应按照规定提供必要条件并支付工程价款。建设工程施工合同是建设工程的主要合同，也是工程建设质量控制、进度控制、投资控制的主要依据。施工合同的当事人是发包方和承包方，双方是平等的民事主体。

3. 园林工程委托监理合同

园林工程委托监理合同简称园林工程监理合同或监理合同，是指园林工程建设单位聘请监理单位代其对工程项目进行管理，明确双方权利、义务的协议。建设单位称委托人，监理单位称受托人。

（二）按合同签约各方的承包关系划分

1. 总包合同

总包合同指约定一家承包商组织实施某项工程或某阶段工程的全部任务，对业主承担全部责任的合同。总包合同签订后，总承包单位可以将若干专业性工作交给不同的专业承包单位去完成，并统一协调和监督其工作。在一般情况下，建设单位仅同总承包单位发生法律关系，而不与各专业承包单位发生法律关系。

2. 分包合同

分包合同，即总承包人与发包人签订了总包合同之后，将若干专业性工作分包给不同的专业承包单位去完成，总包方分别与几个分包方签订的合同。从法律关系上分析，分包有以下两种情况。

（1）分别承包 即各承包人均独立地与发包人建立合同关系，各承包人之间并不发生法律关系。

（2）联合承包 即承包人相互联合为一体，与发包人签订总包合同，然后各个承包人再签订数个分包合同，将项目建设中的各个单项工作落实到每一个承包人。

在实践中，这两种分包合同被广泛地使用，但它们的法律效果很不相同。在分别承包中，各个承包人相互单独对筹建单位负责，相互之间不发生任何法律关系；在联合承包中，承包人共同对筹建单位负责，承包人之间发生连带之债的法律关系。

（三）按合同计价方法划分

1. 固定价合同

固定价合同是指合同中确定的工程合同价在实施期间不因价格变化而调整。

固定价合同可分为固定总价合同和固定单价合同两种。

（1）固定总价合同　对固定总价合同，承包整个工程的合同价款总额已经确定，在工程实施中不再因物价调整而变化。因此，固定总价合同在确定合同价时应考虑价格风险因素，固定总价合同在签订时也须在合同中明确规定合同总价包括的范围。这种合同价款确定方式通常适用于规模较小且施工图齐全、风险不大、技术简单、工期较短（一般不超过一年）的工程，这类合同价可以使发包人对工程总开支做到有效控制，在施工过程中可以更有效地控制资金的使用；但对承包人来说，要承担较大的风险，如物价波动、气候条件恶劣、地质地基条件及其他意外困难等。

（2）固定单价合同　固定单价合同中确定的各项单价在工程实施期间不因价格变化而调整，而在每月（或每阶段）工程结算时，根据实际完成的工程量结算，在工程全部完成时以竣工的工程量最终结算工程总价款。

2. 可调价合同

（1）可调总价合同　可调价合同中确定的工程合同总价在实施期间可随价格变化而调整。发包人和承包人在签订合同时，以招标文件的要求及开标前 28 天的物价为基数签订合同总价。如果在执行合同期间，由于通货膨胀使成本增加到某一限度，则合同总价作相应调整。可调总价合同使发包人承担了通货膨胀的风险，承包人则承担其他风险，一般适合于工期较长（如 1 年以上）的项目。

（2）可调单价合同　可调单价合同中签订的单价，根据合同约定的条款（如在工程实施过程中物价发生变化等），可作调整。有的工程在招标或签约时，因某些不确定性因素而在合同中暂定某些分部分项工程的单价，在工程结算时，再根据实际情况和合同约定对合同单价进行调整，确定实际结算单价。

3. 成本加酬金（费用）合同

成本加酬金（费用）合同又称成本补偿合同，它是指除按工程实际发生的成本结算外，发包人另加上商定好的一笔酬金（总管理费和利润）支付给承包人的一种承发包方式。工程实际发生的成本，主要包括人工费、材料费、施工机具使用费、其他直接费和现场经费以及各项独立费等。成本加酬金（费用）合同的主要做法有：成本加固定酬金；成本加固定百分数酬金；成本加浮动酬金；目标成本加奖罚。

（1）成本加固定酬金　这种承包方式工程成本实报实销，但酬金是事先商量好的一个固定数目。这种承包方式，酬金不会因成本的变化而改变，它不能鼓励承包商降低成本，但可鼓励承包商为尽快取得酬金而缩短工期。

（2）成本加固定百分数酬金　这种承包方式工程成本实报实销，但酬金是事

笔记栏

先商量好的以工程成本为计算基础的一个百分数。这种承包方式对发包人不利，因为花费的成本越大，承包商获得的酬金就越多，不能有效地鼓励承包商降低成本、缩短工期。现在这种承包方式已很少被采用。

（3）成本加浮动酬金　这种承包方式的做法，通常是由双方事先商定工程成本和酬金的预期水平，然后将实际发生的工程成本与预期水平相比较，如果实际成本恰好等于预期成本，工程造价就是成本加固定酬金；如果实际成本低于预期成本，则增加酬金；如果实际成本高于预期成本，则减少酬金。采用这种承包方式，优点是对发包人、承包人双方都没有太大风险，同时也能促使承包商降低成本和缩短工期；缺点是在实践中估算预期成本比较困难，要求承发包双方都具有丰富的经验。

（4）目标成本加奖罚　这种承包方式是在初步设计结束后，工程迫切开工的情况下，根据粗略估算的工程量和适当的概算单价表编制概算，作为目标成本，随着设计逐步具体化，目标成本可以调整；另外以目标成本为基础规定一个百分数作为酬金。最后结算时，如果实际成本高于目标成本并超过事先商定的界限（例如5%），则减少酬金；如果实际成本低于目标成本（也有一个幅度界限），则增加酬金。此外，还可另加工期奖罚。这种承包方式的优点是可促使承包商关心降低成本和缩短工期，而且，由于目标成本是随设计的进展而加以调整才确定下来的，所以，发包人、承包人双方都不会承担多大风险。缺点是目标成本的确定，也要求发包人、承包人都须具有比较丰富的经验。

三、园林工程合同签订的方式

园林工程合同的签订方式有两种，即直接发包和招标发包。对于必须要招标的园林建设项目，要通过招标投标确定园林企业。

1. 直接发包

《工程建设项目施工招标投标办法》第十二条规定，依法必须进行施工招标的工程建设项目有下列情形之一的，可以不进行施工招标。

1）涉及国家安全、国家秘密、抢险救灾或者属于利用扶贫资金实行以工代赈需要使用农民工等特殊情况，不适宜进行招标。

2）施工主要技术采用不可替代的专利或者专有技术。

3）已通过招标方式选定的特许经营项目投资人依法能够自行建设。

4）采购人依法能够自行建设。

5）在建工程追加的附属小型工程或者主体加层工程，原中标人仍具备承包能力，并且其他人承担将影响施工或者功能配套要求。

笔记栏

6）国家规定的其他情形。

2. 招标发包

园林工程合同的签订受严格的时限约束，要求中标通知书发出后，中标的园林工程施工企业与建设单位及时签订合同。依据《招标投标法》的规定，中标通知书发出30天内，签订合同工作必须完成。签订合同人必须是中标施工企业的法人代表或委托代理人。投标书中已确定的合同条款在签订时不得更改，合同价应与中标价一致。如果中标施工企业在规定的有效期限内拒绝与建设单位签订合同，则建设单位可不再返还其招标文件要求提交的投标保证金。建设行政主管部门或其授权机构还可视情况给予一定的行政处罚。

【任务实施】

1. A与B、B与C、C与D分别签订的合同有效性分析

业主A将工程发包给具有法定施工资质的总承包人B，符合法律规定，合同有效；而总承包人B将工程肢解后转包给没有任何施工资质的投资公司转承包人C，是非法转包，合同无效；转承包人C又将工程项目分包给没有施工资质的实际施工人D进行施工，是非法分包，合同无效。

2. B与C、C与D工程款计价模式类型

总承包人A与转承包人C之间实行的是固定单价计价模式，转承包人C与实际施工人D之间实行的也是固定单价计价模式。结合上述法律规定来看，上述当事人之间签订的合同均为无效合同。

【任务考核】

园林工程合同考核见表5-2。

表5-2　园林工程合同考核表

序号	考 核 项 目	评 分 标 准	配分	得 分	备　　注
1	园林工程合同签订	签订程序正确	30		
2	园林工程合同类型	正确选择合同类型	60		
3	园林工程合同发包方式	发包方式正确	10		
总分			100		

实训指导教师签字：　　　　　　　　　　　　　　　年　月　日

笔记栏

【巩固练习】

　　某绿化工程项目，经有关部门批准采取公开招标的方式确定了中标单位并签订合同。该工程合同条款中部分规定如下：由于设计未完成，承包范围内待实施的工程虽然性质明确，但工程量还难以确定，双方商定拟采用总价合同形式签订施工合同，以减少双方的风险。

　　该工程合同条款中约定的总价合同形成是否恰当？请说明原因。

任务三　园林工程施工合同

【任务描述】

　　某市政府通过招标投标将一处滨河绿化建设项目发包给中标单位，具体内容如下。

笔记栏

　　发包人（全称）：××市工程建设管理中心，中标单位（承包人全称）：××园林绿化工程有限公司。工程名称：××滨河景观绿化工程，工程地点：××市××区××河。工程内容：绿化工程、铺装工程、景观小品等。工程立项批准文号：201900135。资金来源：××市投资。承包范围：图纸及工程量清单内容。合同工期：开工日期 2019 年 5 月 10 日，竣工日期 2020 年 5 月 9 日，合同工期总日历天数 365 天。工程质量标准：合格。合同价款金额（人民币，大写）：伍佰肆拾捌万玖仟柒佰元；¥（小写）5489700.00 元。工程价款支付时间和金额：每月 20 日按工程形象进度分次支付至 75%，经建设行政主管部门验收合格且经工程建设管理中心资金部门审定工程决算，工程档案齐全并全部移交给甲方后付至 95%，保修期满后付清全部合同款。

任务点　／

　　请根据以上背景材料，起草一份园林工程施工合同。

【任务分析】

　　园林工程施工合同有其本身的特点，但是《建设工程施工合同（示范文本）》（GF—2017-0201）的条款满足园林工程合同的要求，因此要学会《建设工程施工合同（示范文本）》（GF—2017-0201）的内容，并加以运用。

【知识准备】

一、园林工程施工合同的概念

园林工程施工合同是工程建设单位（发包方）和施工单位（承包方）根据国家基本建设的有关规定，为完成园林工程项目而明确相互间权利和义务关系的协议。施工单位承诺按时、按质、按量为建设单位施工；建设单位则按规定提供技术文件，组织竣工验收并支付工程款。合同一经签订，即具有法律约束力。

二、园林工程施工合同的特点

1. 合同的特殊性

园林工程不同于其他工程，它是一种具有艺术特征的综合景观工程，因此在建造过程中往往受到各种因素的影响。这就决定了每个施工合同的不同园林产品不同于工厂批量生产的产品，具有单件性的特点。

2. 合同履行期限的长期性

在园林工程合同实施过程中，不确定因素多，受外界自然条件影响大。当主观或客观情况变化时，都有可能造成施工合同的变化，施工合同的变更较为频繁，施工合同争议和纠纷也比较多。另外，园林工程养护周期较长，长达几年之久。因此，履行合同的期限比较长。

3. 合同内容的多样性和复杂性

由于园林工程具有综合艺术特征，在进行园林绿化项目施工时，需考虑诸多因素，因此与大多数合同相比较，其施工合同的履行期限长，技术、材料等具有多样性和复杂性。这就要求施工合同的条款应当尽量详尽。

4. 合同管理的严格性

合同管理的严格性主要体现在三个方面：一是对合同签订管理的严格性；二是对合同履行管理的严格性；三是对合同主体管理的严格性。

上述特点，使得园林工程施工合同无论在合同文本结构，还是合同内容上，都要反映与园林工程相适应的特点，符合园林工程项目建设客观规律的内在要求，以保护施工合同当事人的合法权益，促使当事人严格履行自己的义务和职责，提高工程项目的综合社会效益和经济效益。

三、园林工程施工合同的作用

1）是园林工程建设质量控制、进度控制、投资控制的主要依据。

笔记栏

2）明确建设单位和施工企业在园林工程施工中的权利和义务。园林工程施工合同一经签订，即具有法律效力，是合同双方在履行合同过程中的行为准则，双方都应以施工合同作为行为的依据。

3）有利于园林工程施工的管理。合同当事人对园林工程施工的管理应以合同为依据。有关的国家机关、金融机构对施工的监督和管理，也是以园林工程施工合同为重要依据。

4）有利于园林市场的培育和发展。随着社会主义市场经济新体制的建立，建设单位和施工单位将逐渐成为园林市场的合格主体，建设项目实行真正的项目法人责任制，施工企业参与市场公平竞争。施工合同作为园林商品交换的基本法律文书，贯穿了园林工程建设的全过程。园林工程合同的依法签订和全面履行，是建立一个完善的园林建设市场的基本条件。

5）是进行监理的依据和推行监理制的需要。在监理制度中，建设单位（业主）、施工企业（承包商）、监理单位三者的关系是通过园林工程建设监理合同和施工合同来确立的。国内外实践经验表明，园林工程建设监理的主要依据是合同。园林监理工程师在园林工程监理过程中要做到坚持按合同办事，坚持按规范办事，坚持按程序办事。园林监理工程师必须根据合同秉公办事，监督建设单位和施工企业都必须履行各自的合同义务。因此，承、发包双方签订一个内容合法，条款公平、完备，适应建设监理要求的施工合同是园林监理工程师实施公正监理的根本前提条件，也是推行监理制的内在要求。

四、园林工程施工合同的主要内容

1.《建设工程施工合同（示范文本）》（GF—2017-0201）

（1）协议书　《建设工程施工合同（示范文本）》（GF—2017-0201）》协议书共计13条，主要包括：工程概况、合同工期、质量标准、签约合同价和合同价格形式、项目经理、合同文件构成、承诺以及合同生效条件等重要内容，集中约定了合同当事人基本的合同权利与义务。

园林工程施工合同内容

（2）通用条款　通用条款是合同当事人根据《中华人民共和国建筑法》（简称《建筑法》）《民法典》等法律法规的规定，就工程建设的实施及相关事项，对合同当事人的权利与义务作出的原则性约定。

通用条款共计20条，分别为：一般约定、发包人、承包人、监理人、工程质量、安全文明施工与环境保护、工期和进度、材料与设备、试验与检验、变更、价格调整、合同价格、计量与支付、验收和工程试车、竣工结算、缺陷责任与保修、违约、不可抗力、保险、索赔和争议解决。上述条款安排既考虑了现行法律法规对工程建设的有关要求，也考虑了建设工程施工管理的特殊需要。

（3）专用条款　专用条款是对通用条款原则性约定的细化、完善、补充、修改或另行约定的条款。合同当事人可以根据不同建设工程的特点及具体情况，通过双方的谈判、协商对相应的通用条款进行补充、修改。在使用专用条款时，应注意以下事项。

1）专用条款的编号应与相应的通用条款的编号一致。

2）合同当事人可以通过对通用条款的修改，满足具体建设工程的特殊要求，避免直接修改通用条款。

3）在专用条款中有横道线的地方，合同当事人可针对相应的通用条款进行细化、完善、补充、修改或另行约定；如无细化、完善、补充、修改或另行约定，则填写"无"或划"/"。

2.《示范文本》的性质和适用范围

《示范文本》适用于房屋建筑工程、土木工程、线路管道和设备安装工程、装修工程等建设工程的施工承发包活动，合同当事人可结合建设工程具体情况，根据《示范文本》订立合同，并按照法律法规规定和合同约定承担相应的法律责任及合同权利与义务。

3. 合同文件的组成及解释顺序

施工合同主要由协议书、通用条款、专用条款组成（组成合同的文件还包括中标通知书、投标书及其附件、图纸、工程量清单、技术标准和文件等）。组成合同的各项文件应互相解释，互为说明。除专用条款另有约定外，解释合同文件的优先顺序如下。

1）合同协议书。

2）中标通知书（如果有）。

3）投标函及其附录（如果有）。

4）专用条款及其附件。

5）通用条款。

6）技术标准和要求。

7）图纸。

8）已标价工程量清单或预算书。

9）其他合同文件。

上述各项合同文件包括合同当事人就该项合同文件所作出的补充和修改，属于同一类内容的文件，应以最新签署的为准。

在合同订立及履行过程中形成的与合同有关的文件均构成合同文件组成部

分，并根据其性质确定优先解释顺序。

【任务实施】

园林工程施工合同范例如下。

第一部分　协议书

发包人（全称）：<u>××市工程建设管理中心</u>

承包人（全称）：<u>××园林绿化工程有限公司</u>

依照《民法典》《建筑法》及其他有关法律、行政法规，遵循平等、自愿、公平和诚实信用的原则，双方就本建设工程施工事项协商一致，订立本合同。

一、工程概况

工程名称：<u>××滨河景观绿化工程</u>

工程地点：<u>××市××区××河</u>

工程内容：<u>绿化工程、铺装工程、景观小品等</u>

工程立项批准文号：<u>201900135</u>

资金来源：<u>××市投资</u>

二、工程承包范围

承包范围：<u>图纸及工程量清单内容</u>

三、合同工期

开工日期：<u>2019 年 5 月 10 日</u>

竣工日期：<u>2020 年 5 月 9 日</u>

合同工期总日历天数 <u>365</u> 天。

四、质量标准

工程质量标准：<u>合格</u>

五、合同价款

金额（人民币，大写）：<u>伍佰肆拾捌万玖仟柒佰元</u>

　　　　　　￥（小写）：<u>5489700.00</u>

六、组成合同的文件

组成本合同的文件包括以下几个。

1）施工合同协议书。

2）中标通知书。

笔 记 栏

3）投标书及其附件。

4）施工合同专用条款。

5）施工合同通用条款。

6）标准、规范及有关技术文件。

7）图纸。

8）工程量清单。

9）工程报价或预算书。

双方有关工程的洽商、变更等书面协议或文件视为本合同的组成部分。

七、词语含义

本协议书中有关词语含义与本合同第二部分《通用条款》中分别赋予它们的定义相同。

八、承包人承诺

承包人向发包人承诺按照合同约定进行施工、竣工，确保工程质量和安全，并在缺陷责任期内承担工程质量保修责任。

九、发包人承诺

发包人向承包人承诺按照合同约定的期限和方式支付合同价款及其他应当支付的款项。

十、合同生效

合同订立时间：　　　年　月　日

合同订立地点：

本合同双方约定<u>签字盖章备案</u>后生效。

发包人：（公章）　　　　　　　　承包人：（公章）

法定代表人：（签字）　　　　　　法定代表人：（签字）

委托代理人：（签字）　　　　　　委托代理人：（签字）

地址：　　　　　　　　　　　　　地址：

邮政编码：　　　　　　　　　　　邮政编码：

电话：　　　　　　　　　　　　　电话：

传真：　　　　　　　　　　　　　传真：

电子邮箱：　　　　　　　　　　　电子邮箱：

开户银行：　　　　　　　　　　　开户银行：

账号：　　　　　　　　　　　　　账号：

笔记栏

合同备案情况：

备案机构：（盖章）

经办人：

年　　月　　日

第二部分　通用条款（略）

第三部分　专用条款（略）

【任务考核】

园林工程施工合同考核见表5-3。

表5-3　园林工程施工合同考核表

序号	考核项目	评分标准	配分	得分	备注
1	协议书	符合《建设工程施工合同（示范文本）》（GF—2017-0201）的规定	40		
2	通用条款	符合《建设工程施工合同（示范文本）》（GF—2017-0201）的规定	20		
3	专用条款	正确填写《建设工程施工合同（示范文本）》（GF—2017-0201）的专用条款	40		
	总分		100		

实训指导教师签字：　　　　　　　　　　　　　　　　年　　月　　日

【巩固练习】

××建设管理局拟将某园林绿化工程承包给××园林绿化工程有限公司进行施工。施工范围为投标文件工程量清单内容及施工图纸，投标价格5800万元，工程质量：合格，项目经理：×××，工期：360天。付款方式：每月按照形象进度工程价款的 75% 支付。

　　请根据以上背景资料，起草园林工程施工合同。

> **本项目职业素养提升要点**
>
> 　　随着建设工程市场的不断规范，对合同管理的要求也越来越高。通过对园林工程合同管理的学习，学生应该加强对园林工程施工负责的态度和履约意识，坚持诚实守信、知法守法的原则，规避合同风险。

笔记栏

项目六　园林工程招标投标违法行为及其法律责任

笔记栏

📖【项目概述】

　　法律责任是招标投标法律规范的重要组成部分，是对招标投标活动中当事人违反招标投标法律的强制性处罚。《招标投标法》《实施条例》对工程招标投标过程中出现违法行为的法律责任作出规定。依据性质的不同，法律责任分为民事法律责任、行政法律责任和刑事法律责任。

◎【知识目标】

　　掌握《招标投标法》《实施条例》中的相关知识。

◎【技能目标】

　　能根据《招标投标法》《实施条例》判断招标投标过程的违法行为及法律责任。

📝【任务描述】

　　××市投资新建的体育运动公园面积为 63400m²，预计造价 1200 万元。该工程进入 ×× 市建设工程交易中心公开招标。

　　×× 园林绿化工程有限公司总经理刘某通过朋友关系获悉该项目的情况后，挂靠本地和外地共 5 家园林绿化公司参与投标。刘某与 5 家公司分别商定了"合作"条件：一是投标保证金由刘某支付；二是由本地一家园林绿化公司甲代刘某编制标书，由刘某支付"劳务费"，其余 4 家公司的经济标书由刘某编制；三是项目中标后全部工程由刘某组织施工，挂靠单位收取工程造价 5% 的管理费。开标前，刘某给 5 家公司各汇去 20 万元投标保证金，并支付给甲公司 1.5 万元编制标书的"劳务费"。

为揽到该项目，刘某经常找招标人主管领导张某、招标代理机构经理李某吃喝玩乐，并分别送给张某人民币 10 万元、李某人民币 5 万元。张、李两人积极为刘某提供"咨询"服务，经常泄露招标投标中的有关保密事项。

2019 年 5 月 9 日上午开始评标。在开标现场，招标代理机构经理李某授意评委让刘某挂靠的 5 家公司中标。上午 11:30 左右，评标结束，得分最高的单位是刘某的 ×× 园林绿化工程有限公司。

2019 年 5 月 10 日上午，在工程建设信息网上公布拟中标结果。下午监督部门接到举报刘某串标、挂靠资质等违纪违法问题。

任务点

1. 投标人刘某的违法行为及应承担的法律责任。
2. 本地和外地 5 家公司的违法行为及应承担的法律责任。
3. 招标代理机构的违法行为及应承担的法律责任。
4. 评标委员会的违法行为及应承担的法律责任。

【任务分析】

《招标投标法》及其配套法规制度的相继颁布实施，对规范工程建设招标投标活动中有效使用建设资金、提高经济效益、防止腐败、保护国家利益等方面起到了积极作用，但是，随着招标投标活动越来越多、市场容量越来越大，在招标投标过程中也出现了规避招标、虚假招标、串通投标等违法违规现象，给国家、招标投标人等造成了损失。通过学习招标投标相关法律法规，可以了解招标投标的流程和相关规定，为日常业务工作打下理论基础。

【知识准备】

一、限制排斥潜在投标人及其法律责任

（一）违法行为

1）不按照规定在指定媒介发布资格预审公告或者招标公告。该行为主要有以下三种情形。

① 应当发布但没有发布资格预审公告或招标公告。

② 不在指定媒介发布资格预审公告或招标公告。

③ 发布的资格预审公告或招标公告不符合法律规定。

2）在不同媒介发布的同一招标项目的资格预审公告或者招标公告的内容不一致，影响潜在投标人申请资格预审或者投标。

（二）法律责任

《招标投标法》第五十一条规定，招标人以不合理的条件限制或者排斥潜在投标人的，对潜在投标人实行歧视待遇的，强制要求投标人组成联合体共同投标的，或者限制投标人之间竞争的，责令改正，可以处一万元以上五万元以下的罚款。

二、规避招标及其法律责任

（一）违法行为

依法必须进行招标的项目的招标人不按照规定发布资格预审公告或者招标公告，构成规避招标的。

（二）法律责任

笔记栏

《招标投标法》第四十九条规定，必须进行招标的项目而不招标的，将必须进行招标的项目化整为零或者以其他任何方式规避招标的，责令限期改正，可以处项目合同金额千分之五以上千分之十以下的罚款；对全部或者部分使用国有资金的项目，可以暂停项目执行或者暂停资金拨付；对单位直接负责的主管人员和其他直接责任人员依法给予处分。

三、招标人开标前违法行为及其法律责任

（一）违法行为

招标人违法行为及其法律责任

1）应当公开招标而采用邀请招标。

2）未遵守法定时限要求。招标文件、资格预审文件的发售、澄清、修改时限，或者确定的提交资格预审申请文件、投标文件的时限不符合《招标投标法》和《实施条例》的规定。

3）接受未通过资格预审的单位或者个人参加投标。

4）接受应当拒收的投标文件。《实施条例》第三十六条规定，应当拒收的投标文件包括：未通过资格预审的申请人提交的投标文件，逾期送达的投标文件，不按照招标文件要求密封的投标文件。另外，采用《实施条例》第三十条规定的两阶段招标投标程序的，投标人在第一阶段没有提交不带报价的技术建议的，第二阶段，招标人也应当拒收其投标文件。

（二）法律责任

1. 责令改正

由行政监督部门强制要求招标人予以改正。

2. 罚款

存在上述违法情形的，行政监督部门有权对其处以罚款，罚款金额 10 万元以上。

3. 给予处分

招标人有上述第 1、3、4 项所列行为之一的，由行政监督部门对单位直接负责的主管人员和其他直接责任人员依法给予处分。

四、利害冲突行为及其法律责任

（一）违法行为

1. 招标代理机构利害冲突违法行为

1）招标代理机构在其所代理的招标项目中投标或者代理投标。

2）招标代理机构为其所代理的招标项目的投标人提供咨询。

2. 中介机构利害冲突违法行为

1）接受委托编制标底的中介机构参加受托编制标底项目的投标。

2）接受委托编制标底的中介机构为该项目的投标人编制投标文件、提供咨询。

（二）法律责任

《招标投标法》第五十条规定，招标代理机构泄露应当保密的与招标投标活动有关的情况和资料的，或者与招标人、投标人串通损害国家利益、社会公共利益或者他人合法权益的，处五万元以上二十五万元以下的罚款，对单位直接负责的主管人员和其他直接责任人员处单位罚款数额百分之五以上百分之十以下的罚款；有违法所得的，并处没收违法所得；情节严重的，禁止其一年至二年内代理依法必须进行招标的项目并予以公告，直至由工商行政管理机关吊销营业执照；构成犯罪的，依法追究刑事责任。给他人造成损失的，依法承担赔偿责任。上述违法行为影响中标结果的，中标无效。

五、违规收费及其法律责任

（一）违法行为

1. 超过比例收取投标保证金

招标人在招标文件中要求投标人提交投标保证金的，投标保证金超过招标项目估算价的 2%。

2. 超过比例收履约保证金

招标人在招标文件中要求投标人提交履约保证金的，履约保证金超过中标合同价的 10%。

3. 不按照规定退还投标保证金及银行同期存款利息

投标人撤回已提交的投标文件，招标人已收取投标保证金的，自收到投标人书面撤回通知之日起 5 日内未退还投标保证金。招标人在书面合同签订后 5 日内未向中标人和未中标的投标人退还投标保证金及银行同期存款利息。

（二）法律责任

1. 责令改正

由行政监督部门强制要求招标人予以改正。

2. 罚款

可以处 5 万元以下的罚款，具体金额由作出处罚决定的行政监督部门根据具体情况确定。

3. 承担赔偿责任

给他人造成损失的，依法承担赔偿责任。此处的"他人"是指投标人、中标人以及承担担保义务的有关单位。

六、串通投标、行贿中标及其法律责任

（一）违法行为

1. 投标人相互串通投标

投标人相互串通投标是指投标人彼此之间以口头或书面形式，就投标情况互相通气，避免相互竞争，共同损害招标人利益的行为。《实施条例》第三十九条和第四十条共计列明了 11 种投标人相互串通投标的情形。

2. 投标人与招标人串通投标

投标人与招标人串通投标是指投标人与招标人在招标投标活动中，以不正当的手段从事私下交易，致使招标投标流于形式的行为。《实施条例》第四十一条共计列明了 6 种投标人与招标人串通投标的情形。

3. 投标人向招标人或者评标委员会成员行贿谋取中标

投标人向招标人或者评标委员会成员行贿谋取中标，是指投标人以谋取中标为目的，给予招标人、招标代理机构或者评标委员会成员财物或其他好处的行为。

（二）法律责任

1. 中标无效

投标人相互串通投标或者与招标人串通投标的，投标人向招标人或者评标委员会成员行贿谋取中标的，中标无效，而且是自始无效，投标文件对招标人不再

笔记栏

具有约束力。

2. 刑事责任

构成犯罪的，依法追究刑事责任；具体罪名为串通投标罪和行贿罪。

3. 依据《招标投标法》第五十三条的规定处罚

尚不构成犯罪的，依照《招标投标法》第五十三条的规定处罚。

（1）罚款　罚款对象为涉及串通投标或者行贿的招标人和投标人，包括单位和单位直接负责的主管人员以及其他直接责任人员。

（2）没收违法所得　有违法所得的，没收违法所得。

（3）取消投标资格　情节严重的，取消投标人一年至二年内参加必须招标项目的投标资格并予以公告。

七、虚假投标及其法律责任

（一）违法行为

1. 投标人以他人名义投标

一些不具备法定的或者招标文件规定的资质、资格条件的单位或个人，采取挂靠甚至直接冒名顶替的方法，以及通过受让或者租借等方式获取资格、资质证书，以具备资质、资格条件的企业、事业单位的名义参加投标。

2. 投标人以其他方式弄虚作假骗取中标

投标人通过伪造、变造招标文件要求提交的资质、资格等证件参加投标并骗取中标，主要表现形式有：使用伪造、变造的资质、资格证件；提供虚假的信用状况或业绩；提供虚假的项目负责人或者主要技术人员简历、劳动关系证明等。

（二）法律责任

1. 中标无效

投标人以他人名义投标或者以其他方式弄虚作假骗取中标的，中标无效，而且是自始无效，投标文件对招标人不再具有约束力。

2. 刑事责任

投标人以他人名义投标或者以其他方式弄虚作假骗取中标的，构成犯罪的，依法追究刑事责任。具体罪名为合同诈骗罪。

3. 按照《招标投标法》第五十四条的规定处罚

（1）罚款　依法必须进行招标的项目的投标人有上述违法行为尚未构成犯罪的，处中标项目金额千分之五以上千分之十以下的罚款，对单位直接负责的主管人员和其他直接责任人员处单位罚款数额百分之五以上百分之十以下的罚款。

📝 笔记栏

（2）没收违法所得　有违法所得的，并处没收违法所得。

（3）取消投标资格，吊销营业执照　情节严重的，取消其一年至三年内参加依法必须进行招标的项目的投标资格并予以公告，直至由工商行政管理机关吊销其营业执照。

八、违法出让证书及其法律责任

（一）违法行为

1）出让资格、资质证书供他人投标。

2）出租资格、资质证书供他人投标。

（二）法律责任

1）依照法律、行政法规的规定给予行政处罚。

2）构成犯罪的，依法追究刑事责任。具体罪名为非法经营罪。

九、违法组建评标委员会及其法律责任

笔记栏

（一）违法行为

1）招标人不按照规定组建评标委员会。

2）招标人确定、更换评标委员会成员违反《招标投标法》和《实施条例》的规定。

3）国家工作人员以任何方式非法干涉选取评标委员会成员。主要表现形式有：为招标人直接指定评标委员会成员。此处的"国家工作人员"包括招标项目行政监督部门的国家工作人员，也包括其他国家工作人员，对国家工作人员的工作单位没有明确限制。

（二）法律责任

1. 责令改正

招标人有上述违法行为的，由有关行政监督部门强制要求招标人予以改正。

2. 罚款

可以处 10 万元以下的罚款，具体金额由作出处罚决定的行政部门根据具体情况确定。

3. 给予处分

对单位直接负责的主管人员和其他直接责任人员依法给予处分。

4. 重新评审

违法确定或者更换的评标委员会成员作出的评审结论无效，自始无效，由重新确定或者更换的评标委员会成员依法重新进行评审。

十、评标人员违法行为及其法律责任

（一）违法行为

1）应当回避而不回避。

2）擅离职守。

3）不按照招标文件规定的评标标准和方法评标。

4）私下接触投标人。

5）向招标人征询确定中标人的意向，接受任何单位或者个人明示或者暗示提出的倾向或者排斥特定投标人的要求。

6）对依法应当否决的投标不提出否决意见。

7）暗示或者诱导投标人作出澄清、说明或者接受投标人主动提出的澄清、说明。

8）其他不客观、不公正履行职务的行为。

评标人员违法行为及其法律责任

（二）法律责任

1. 责令改正

上述第1）、2）条违法行为，应当予以更换。其他5条违法行为，没有规定如何责令改正的，由出具处罚决定的行政部门根据具体情况确定。

2. 禁止参加评标

评标委员会成员违法行为情节严重的，禁止其在一定期限内参加依法必须进行招标项目的评标；"一定时限"，由出具处罚决定的行政部门根据具体情况确定。

3. 取消评标委员会成员资格

该项处罚相对最为严厉，适用于情节特别严重的情况，评标委员会成员的资格取消后，不得参加任何招标项目的评标。

十一、评标人员受贿及其法律责任

（一）违法行为

评标委员会成员私下接触投标人，收受投标人的财物或者其他好处。评标委员会成员和参与评标的有关工作人员透露对投标文件的评审和比较、中标候选人的推荐情况以及与评标有关的其他情况。

（二）法律责任

1. 没收收受的财物

评标委员会成员收受投标人财物的，由行政监督部门将其所收受的财物部分

笔记栏

或全部没收；没收的财物，除应当予以销毁或者存档备查的以外，均应上缴国库或者由专门机关处理。

2. 罚款

评标委员会成员收受投标人的财物或者其他好处的，处 3000 元以上 5 万元以下的罚款。

3. 取消资格

行政监督部门应当取消其担任招标项目的评标委员会成员资格，并将其从专家库除名。

4. 刑事责任

构成犯罪的，依法追究刑事责任，主要是受贿罪。

十二、招标人定标后违法行为及其法律责任

（一）违法行为

1）无正当理由不发出中标通知书。

2）不按照规定确定中标人。

3）中标通知书发出后无正当理由改变中标结果。

4）无正当理由不与中标人订立合同。

5）在订立合同时向中标人提出附加条件。

（二）法律责任

依法必须进行招标的项目的招标人存在上述违法行为之一的，由有关行政监督部门责令改正，可以处中标项目金额 10‰以下的罚款；给他人造成损失的，依法承担赔偿责任；对单位直接负责的主管人员和其他直接责任人员依法给予处分。

十三、中标人违法行为及其法律责任

（一）违法行为

1）中标人无正当理由不与招标人订立合同。

2）中标人在签订合同时向招标人提出附加条件。

3）中标人不按照招标文件要求提交履约保证金。

（二）法律责任

中标人违法行为及其法律责任

1. 取消中标资格

中标人有上述违法行为的，已经失去签订合同的意义，招标人有权取消其中标资格。

2. 投标保证金不予退还

招标文件要求投标人提交投标保证金的，中标人有上述违法行为时，无论是否给招标人造成实质性的损失，招标人均有权没收其投标保证金。

3. 罚款

对依法必须进行招标项目的中标人，由有关行政监督部门责令中标人及时改正，可以并处中标项目金额10‰以下的罚款。

十四、违法签约及其法律责任

（一）违法行为

1）招标人和中标人不按照招标文件和中标人的投标文件订立合同。

2）所签订合同的主要条款与招标文件、中标人的投标文件的内容不一致。

3）招标人、中标人订立背离合同实质性内容的协议。

（二）法律责任

1. 责令改正

招标人和中标人有上述违法行为的，由有关行政监督部门责令改正。

2. 罚款

罚款金额为中标项目金额5‰以上10‰以下，具体金额由行政监督部门在处罚时根据具体情况确定。

十五、违法转包分包及其法律责任

（一）违法行为

1）中标人将中标项目转让给他人。

2）中标人将中标项目肢解后分别转让给他人。

3）中标人违反《招标投标法》和《实施条例》规定，将中标项目的部分主体、关键性工作分包给他人。

4）分包人再次分包。

（二）法律责任

1. 转让分包无效

中标人有上述违法行为的转让、分包无效，转让人、分包人取得的财产应当返还；无法返还的，有过错的一方，赔偿损失。

2. 罚款

罚款对象为过错方，即转让人和分包人，罚款金额为转让、分包项目金额5‰以上10‰以下。

笔记栏

3. 没收违法所得

有违法所得的，并处没收违法所得。

4. 责令停业整顿

责令停业整顿后，违法行为人改正的，可以恢复营业。

5. 吊销营业执照

情节严重的，由工商行政管理机关吊销其营业执照。

十六、违法投诉、违规答复及其法律责任

（一）违法行为

1. 违法投诉行为

1）捏造事实投诉。

2）伪造材料投诉。

3）以非法手段取得证明材料投诉。

2. 违规答复行为

1）不答复。

2）不按规定时间答复。

3）不暂停招标活动。

（二）法律责任

1. 违法投诉法律责任

投标人或者其他利害关系人捏造事实、伪造材料或者以非法手段取得证明材料进行投诉的，行政部门应当予以驳回。给他人造成损失的，依法承担赔偿责任。

2. 违法答复法律责任

招标人不按照规定对异议作出答复，继续进行招标投标活动的，由有关行政监督部门责令改正；拒不改正或者不能改正并影响中标结果的，依照《实施条例》第八十二条的规定处理。

十七、行政监督部门违法行为及其法律责任

（一）违法行为

1. 项目审批部门的违法行为

1）应当审批、核准而不予或延迟审批、核准。

2）不应当审批、核准而通过审批、核准。

3）审批、核准的具体事项不符合法律规定。

笔 记 栏

2. 有关行政部门的违法行为

1）对违反《招标投标法》和《实施条例》规定的行为不依法查处。

2）不按照规定处理投诉。

3）不依法公告对招标投标当事人违法行为的行政处理决定。

（二）法律责任

单位违法的，对单位直接负责的主管人员和其他直接责任人员依法给予处分。工作人员徇私舞弊、滥用职权、玩忽职守，构成犯罪的，依法追究刑事责任。具体罪名为玩忽职守罪。

十八、国家工作人员违法行为及其法律责任

（一）违法行为

1）要求对依法必须进行招标的项目不招标，或者要求对依法应当公开招标的项目不公开招标。

2）要求评标委员会成员或者招标人以其指定的投标人作为中标候选人或者中标人，或者以其他方式非法干涉评标活动，影响中标结果。

3）以其他方式非法干涉招标投标活动。

（二）法律责任

1. 行政责任

国家工作人员利用职务便利，以直接或者间接、明示或者暗示等任何方式非法干涉招标投标活动的，由行政监督部门依法对其给予记过或者记大过处分；情节严重的，依法给予降级或者撤职处分；情节特别严重的，依法给予开除处分。

2. 刑事责任

构成犯罪的，依法追究刑事责任。

十九、招标、评标、中标无效处理

依法必须进行招标的项目，其招标投标活动违反《招标投标法》和《实施条例》的规定，对中标结果造成实质性影响，且不能采取补救措施予以纠正的，招标、评标、中标无效，应当依法重新招标或者评标。

【任务实施】

1. 投标人刘某的违法行为及应承担的法律责任

（1）违法行为 投标人刘某以他人名义投标，采取挂靠的方法，通过租借方式获取本地和外地共 5 家公司资格、资质证书参加投标。

笔 记 栏

（2）法律责任　本案事件尚未构成犯罪，处刘某10万元罚款。

2. 本地和外地5家公司的违法行为及应承担的法律责任

（1）违法行为　5家公司出让资格、资质证书，为刘某串通投标提供了条件。

（2）法律责任　依照法律、行政法规的规定给予本地和外地5家公司行政处罚。

3. 招标代理机构的违法行为及应承担的法律责任

（1）违法行为　招标代理机构经理李某为刘某提供"咨询"服务，经常泄露招标投标中的有关保密事项。

（2）法律责任　处招标代理机构20万元罚款，处经理李某1万元罚款，没收李某违法所得5万元。

4. 评标委员会的违法行为及应承担的法律责任

（1）违法行为　评标委员会成员接受招标代理机构经理李某明示或者暗示，让刘某挂靠的公司中标。

（2）法律责任　责令改正，由出具处罚决定的行政部门根据具体情况确定。

【任务考核】

园林工程施工招标投标违法行为及其法律责任考核见表6-1。

表6-1　园林工程施工招标投标违法行为及其法律责任考核表

序号	考核项目	评分标准	配分	得分	备注
1	违法行为	根据《招标投标法》和《实施条例》正确判断违法行为	50		
2	法律责任	根据《招标投标法》和《实施条例》正确判断应承担的法律责任	50		
总分			100		

实训指导教师签字：　　　　　　　　　　年　月　日

【巩固练习】

A、B、C、D四家园林绿化工程有限公司投标某市街道绿化工程项目。四家公司在领取招标文件时，委托同一人签字领取相关招标文件资料，招标代理公司未采取制止措施。评标时评标委员会发现四家公司清单报价中，有很多清单综合单价报价相同或相似，而且技术标中 B、C 两家的施工员为同一人。

请指出在招标投标过程中，有哪些违法行为，应该如何处罚？

💡 本项目职业素养提升要点

　　《招标投标法》《实施条例》是园林工程招标投标必须遵守的法律法规。通过招标投标各环节中的违法行为及其法律责任的学习，学生应牢固树立法治观念，遵纪守法，恪守职业道德底线，诚实守信，强化运用法治思维和法治方式维护自身权利、化解矛盾纠纷的意识和能力。

📝 **笔 记 栏**

Reference
参考文献

［1］ 刘晓东. 园林工程招标投标与预决算［M］. 武汉：华中科技大学出版社，2014.

［2］ 刘营. 中华人民共和国招标投标法实施条例实务指南与操作技巧［M］. 3版. 北京：法律出版社，2018.

［3］ 吴戈军. 园林工程招投标与合同管理［M］. 2版. 北京：化学工业出版社，2014.

［4］ 宋春岩. 建设工程招投标与合同管理［M］. 4版. 北京：北京大学出版社，2018.

［5］ 李丹雪，于立宝，陶良如. 园林工程招投标与预决算［M］. 武汉：华中科技大学出版社，2014.

［6］ 黄霞. 在招标投标工作实践中关于合理低价中标法的探讨［J］. 科技创新导报，2008（33）.

［7］ 卞耀武. 中华人民共和国招标投标法释义［M］. 北京：法律出版社，2001.

［8］ 赵曾海. 招标投标操作实务［M］. 4版. 北京：首都经济贸易大学出版社，2017.